U0539952

賽尚

四川泡菜
Sichuan Paocai
巴蜀一絕　調川菜百味

作者・舒國重　朱建忠
攝影・蔡名雄

國家圖書館出版品預行編目（CIP）資料

四川泡菜：巴蜀一絕，調川菜百味 / 舒國重，朱建忠作 . -- 初版 .
-- 新竹市：賽尚圖文事業有限公司，民 113.09
　面；　公分
ISBN 978-986-6527-48-7（平裝）

1.CST: 食譜 2.CST: 食物酸漬 3.CST: 食物鹽漬
427.75　　　　　　　　　　　　　　　113012484

四川泡菜
巴蜀一絕，調川菜百味

作　　　者	舒國重　朱建忠
編　　　委	張鵬（火哥）、曹曉軍、王垠鑫、隆長江、崔攀
發行人／總編輯	蔡名雄
攝　　　影	蔡名雄
執行主編	鄭思榕
美術設計	溫國群
插　　　畫	蔡諭萱
影像／印前管理	賽尚圖文數位影像
出版發行	賽尚圖文事業有限公司
	新竹市 300 香山區中華路六段 218 號 1 樓
	（電話）03-5181860　（傳真）03-5181862
	賽尚圖文 官網 www.tsais-idea.com.tw
	賽尚玩味市集 旗艦店 www.tifavor.com.tw
總 經 銷	紅螞蟻圖書有限公司
	台北市 114 內湖區舊宗路 2 段 121 巷 19 號（紅螞蟻資訊大樓）
	（電話）02-2795-3656　（傳真）02-2795-4100
製版印刷	科億印刷股份有限公司

出版日期・2024 年（民 113）09 月 初版二刷
ISBN：978-986-6527-48-7
訂　　價・NT.580 元

特別感謝以下單位於本書製作期間提供協助：
四川老罈子食品有限公司／成都大千河畔餐飲有限公司／重慶老宋家餐飲管理有限公司／達州市餐飲烹飪行業協會
（按首字筆畫數排序）

版權所有　侵權必究

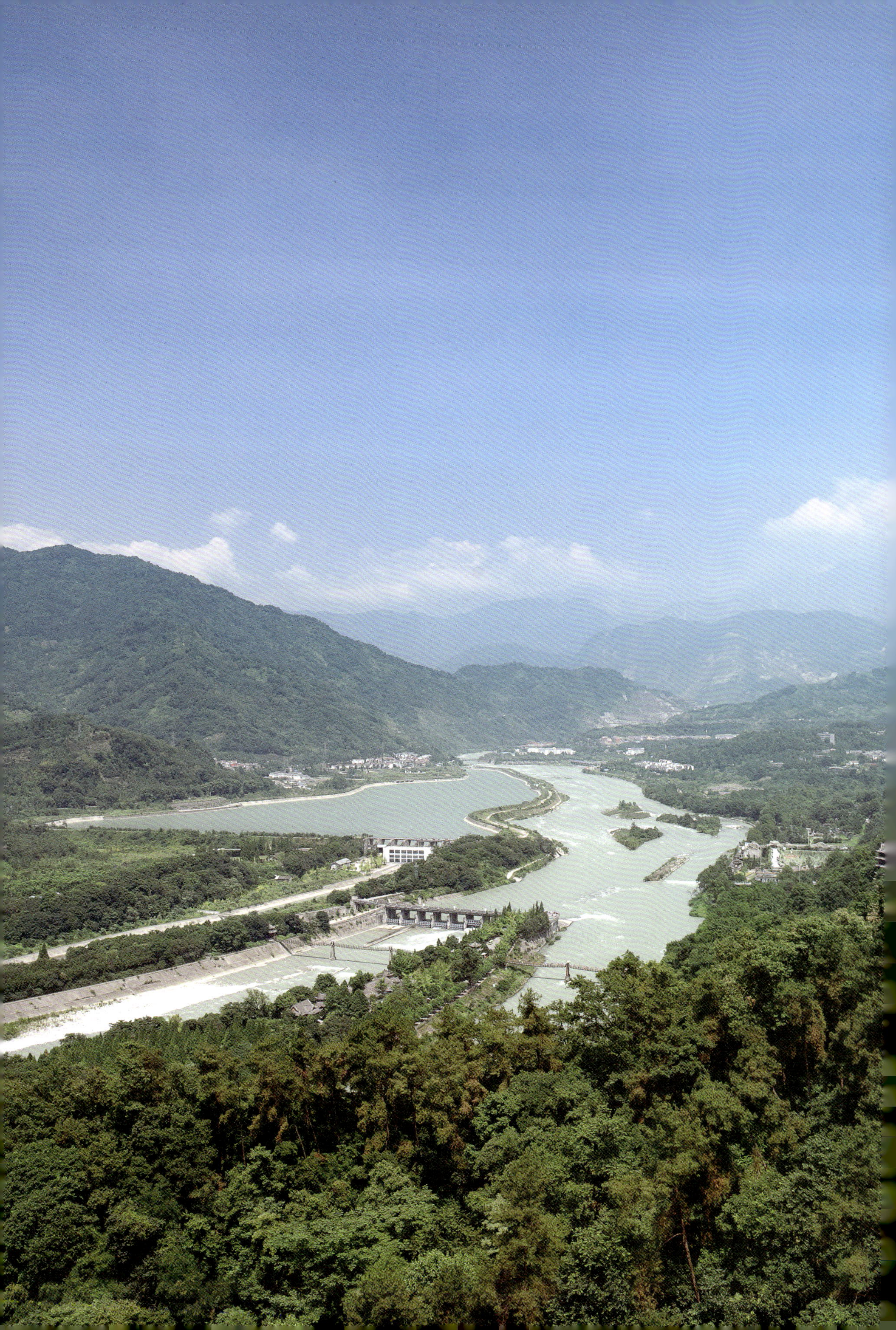

推薦序
Book Recommendation

泡一罈講究

四川泡菜的歷史可以追溯到上千年，在有了燒製的陶器和四川崖鹽、井鹽的出現，就有了四川歷史上最早的泡菜。天府之國風光秀麗，物產豐富，人民智慧勤勞。

四川的先民們為了貯存和保管各種食材，就逐漸有了製作泡菜的工藝。在四川的出土文物中就有一些近似於現代泡菜罈的陶罐，所以，四川泡菜的出現應該追溯到上千年的歷史。

四川泡菜是四川人民居家必備的小菜，泡菜既可以作為用餐的菜餚，又是川菜的重要調輔料。

在四川各地因物產、氣候、生活習慣不同，又有不同的泡菜製作方法和風格特點。

許多川菜的製作中都會用到泡菜類的原料，如製作魚香肉絲、火爆腰花、乾燒鮮魚所用的調輔料泡辣椒，又稱為「泡魚辣椒」，做酸菜魚的泡青菜，做鮮溜肝片的泡嫩薑，做泡菜魚用的泡菜原料等等，都要用到各種泡菜。

四川做泡菜的原料有上百種，葷、素原料都有，包括各種蔬菜和一些水果類的原料，如紅辣椒、青筍、茭白、紅蘿蔔、鮮竹筍、青豆、白蘿蔔、藠頭、青菜、豇豆、嫩薑、刀豆等等。葷原料有熟豬耳、熟豬蹄、熟雞爪、熟鴨掌、熟鴨舌等。水果類原料有蘋果、梨等。

四川泡菜在製作上也很講究，泡菜不僅對原料的選擇要求很高，而且對泡菜時的溫度、濕度、空氣流通，鹽份、糖份，有益於人體健康微生物的控制，製作泡菜的器皿（泡菜罈子）的選擇，製作泡菜加工的工藝等多方面都要求甚嚴。

四川泡菜的種類很多，根據對食材的選擇，菜品的要求來確定做泡菜的原料和泡製時間的長短。如泡製時間較短，在四川被戲稱為「洗澡泡菜」，泡製時間較長的被稱為「老罈泡菜」。

在四川泡菜中也有很多美妙的名稱，如胭脂蘿蔔、果蘭茭白、翡翠筍花、三色吉慶等泡製時間短的「洗澡泡菜」。這些泡菜都是用蔬菜的自然色彩來搭配，健康衛生。既美味可口又體現了製作的匠心。

四川人在做泡菜對原料的選擇非常講究，一般都是對應時令季節，選用當季出產的最佳原料。

本書的兩位作者舒國重和朱建忠兩師徒均為中國烹飪大師。兩位在專研川菜烹飪技藝的同時，還培養了很多專業人才，編寫了數十種烹飪書籍與烹飪教材，為川菜的傳承與創新作出了貢獻。

中國烹飪大師，川菜省級非遺傳承人 張中尤 2024 年 7 月 26 日

川味之根 — 四川泡菜

泡出來的百菜百味。

四川得天獨厚的地理環境和氣候條件，造就了豐富的蔬菜資源和微生物資源。川人在鹽漬保存蔬菜的過程中，意外的利用微生物發酵作用，改變了蔬菜原來的味道，例如：芥菜的青澀味、辣椒的辛辣味，同時還產生了有機酸、酯和醇等增香物質，賦予了蔬菜新的味道，創造了新的發酵類食材──泡菜。

從一碟飯前開胃、飯後解膩的小菜，到一桌豐盛的川菜，泡菜讓我們體驗到了太多味蕾衝擊。泡菜特別的風味在記憶裡久久不會被忘記，這些味道承載的是家鄉的味道和記憶，無論走到哪裡、身在何處，都忘不了它、懷念它，這就是川味，川人的根。

川菜百菜百味、一菜一格，川味的根本在於多變，多變的關鍵在於四川發酵類食材。在眾多的發酵類食材中，四川泡菜則是當之無愧的「百變之首」，為川味的千變萬化提供更多的可能，是當之無愧的川味之根。

有川菜「河鮮王」之稱的朱建忠老師，做魚自然是他的看家本領。他常說：「在四川，泡菜好，河鮮魚餚的出品就保證了一半，好的泡菜更能凸顯魚的鮮美。」為了教大家把魚做好，他就寫了本《川味河鮮料理事典》教大家做魚，但感覺不夠，於是與其師父舒國重合作，又寫了這本《四川泡菜》，教大家做泡菜，泡菜好了，魚就更好吃了。

四川泡菜的花色品種繁多，1909 年，有個簡陽人叫傅崇矩，他寫了一本《成都通覽》，書裡面專門用一節來介紹成都的泡菜，「魚辣子、泡大海椒、泡薑頭、泡蒜、泡蘿蔔、泡地瓜、泡藕、泡茄子、泡黃瓜、泡青菜、泡芹菜、泡蘿蔔纓、泡苦瓜、泡蓮花白、泡刀豆、泡薑……」等 20 多種。舒國重大師與朱建忠老師憑著自己對泡菜的熱愛與執著，把這一百多年前提到的泡菜，全都泡了個遍，並且把這些泡菜的配方、泡法、關鍵點以及吃法，都詳細地記錄到了這本《四川泡菜》書裡。

四川廚師對做老罈泡菜是有執念的。本書從選擇蔬菜的種類到切割的技巧，從鹽度的把控到發酵的環境，從泡菜到川菜，每一個環節都體現著舒國重大師與朱建忠老師對四川泡菜傳承的嚴謹態度和對質量的堅持。這種對細節的追求，是四川泡菜得以流傳千年不衰的重要原因。

在行文的最後，我想強調的是，《四川泡菜》這本書不僅僅是對傳統泡菜技藝的記錄，更是對四川文化精神內核的傳遞。泡菜不只是四川人家中的味道，更是川人對美好生活嚮往的詮釋。

願我們每一位讀者都能通過本書，成為四川泡菜文化的守護者和傳播者，讓我們共同見證並參與到中國美食非物質文化遺產的歷史傳承與創新發展之中。

老罈子泡菜製作技藝傳承人 何豔平 2024 年 7 月 16 日於四川眉山

推薦序
Book Recommendation

泡菜 — 四川人的奇思巧製

四川人好吃，四川人也真的會吃，這是出了名的。

但在怎樣吃這個事情上，四川人的心思也真是奇巧，一二千年前的先人們也真是想得出來，可以將各種蔬菜及部分瓜果整成鹹酸鮮脆、五花八門的泡菜，將其用來下飯、用來調味。而今四川人，也簡直是把祖先們的奇思巧製發揮得淋漓盡致，又把啥子豬耳朵、豬蹄子、雞翅膀兒、雞爪爪、雞冠冠、豬尾巴兒等等諸多葷腥食材整成泡菜用來下酒。而最為可愛的是還會起上一個非常好聽有趣且頗為風雅的名字，以顯得很有文化的樣子，比如胭脂蘿蔔、山家三脆、翡翠筍花等等。就是泡個雞爪爪也起了個非常高雅的名字叫泡鳳爪，三朋四友圍起一桌，邊啃鳳爪邊下酒，還邊吹殼子擺龍門陣，整高興了還大聲吼起划上幾拳，那真還不是一般的味道，四川人說這種感覺：那簡直就是「安逸得板」！

在四川，大概上世紀八十年代之前，泡菜罈子幾乎是四川人家廚房裡的標配，家家戶戶都有一罈甚至幾罈子泡菜。早餐幾乎離不開泡蘿蔔、泡豇豆、泡紅燈籠海椒、泡二荊條海椒、泡仔薑、泡大蒜、泡蓮白、泡萵筍、泡苦瓜、泡黃瓜、泡白菜幫幫、泡青菜等等。我相信，那個年代前出生的四川人，幾乎無一例外地深懷泡菜情結，對這些鹹酸適度、鮮嫩生脆的泡菜當是情有獨鐘的最愛。

我的母親就是做泡菜的一把好手，說是好手，這裡僅說三點大家自能知曉：一是她泡的菜清脆鮮生不「發皅」；二是泡菜罈子裡的水是鹹酸適度、清花亮色（川話，意同「清透亮色」）而微泛金黃，且常年「不生花」；三是「起水」講究得很，母親常說這關乎泡菜的品質，對此她自有秘訣而不輕易示人，後來母親告訴了我。父母先後去世，我同家人商量，父母留下的其他東西我都不取，只抱走了那罈母親養了幾十年的泡菜水。直到今天，我母親留下的這罈泡菜還陪伴著我和家人們，日復一日、年復一年，入罈的菜品是新舊交替著。睹物思人，好懷念有母親和我們在一起的日子哦。

四川泡菜按用途分類有佐餐下飯菜和調味菜，按泡的時間長短又有洗澡泡菜（泡製一、二天即可食用的泡菜）和深水泡菜（長時間泡製的泡菜）。四川人的日常佐餐下飯，大多會選擇泡製一罈洗澡泡菜，頭天晚上在泡菜水裡放進蔬菜，比如蘿蔔皮、萵筍條、白菜幫幫，再在泡菜水裡加上幾顆漢源花椒、幾節乾紅二荊條海椒，第二天一早撈起來即可下早飯。至於調味菜，此時的泡菜則作為調料使用，日常家戶人家做個魚香茄子、魚香肉絲、燒個家常豆瓣魚、酸菜魚、肥腸血旺，起個火鍋底料，整個火爆腰花，炒個肝腰合炒、萵筍木耳肉片等家常菜，泡海椒、泡青菜、泡豇豆、泡仔薑均是必備。大廚們烹製大菜，尤其是烹製川味河鮮，那更是離不開這些品質上好的泡菜加持，這裡的泡菜可謂是川味河鮮的靈魂伴侶了，其在此中的江湖地位真還不亞於我老家的郫縣豆瓣。

推薦序

Book Recommendation

我的摯友，被央視譽為「四川河鮮王」的朱建忠兄就是烹製川味河鮮的頂級高手，其烹飪技藝傳承有序，數十年沉浸於傳統川菜古今流變的研習、承傳與創新，並兼南北、博採眾長而自成家數。他主事「大千河畔」九年，一魚一格、百魚百味，麻辣鮮香，爽嫩酥脆，精妙卓絕的技藝不僅讓「大千河畔」獲業界好評而聲名遠揚，自己亦獲授「成都工匠」、「四川工匠」榮譽稱號。在談起四川泡菜的製作及在川味河鮮烹製中的調味作用，朱建忠兄是如數家珍，並在其先後出版發行的專著《川味河鮮料理事典》（更新版書名《經典川味河鮮》）、《就愛川味兒》（簡體版書名《經典川菜》）、《重口味川菜》、《玩轉辣椒》（簡體版書名《辣椒與川菜》）中多有涉及。

自 2022 年朱建忠與其業師舒國重先生合著並出版發行《玩轉辣椒》，時隔 2 年，師徒倆人於今又再攜手推出新著《四川泡菜》。全書鴻篇巨製，共分四個篇目計 11 章，詳盡探究並介紹了四川泡菜的淵源與流變，其中地域風味的古與今、常與變、異與同及各類型特色，四川泡菜的起水與養水秘法，泡菜罐子與品種風味的關係及罐子的遴選和養護，收載書中 100 餘品經典及今天的創意川味泡菜，其製作方法、技巧、吃法均被師徒二人講得頭頭是道、口齒生香，亦具極強的可操作性。當然，其中亦不乏一些製作工藝精緻奇巧者，令人眼界大開而直呼「巴適」。

《四川泡菜》有文有圖、圖文並茂，既精心於優美文字，講述了四川泡菜的傳承與創新以及吃法與調味，又適以精美圖片，以直觀四川人的生活日常及對待生活的態度。我相信，該書的面世，定是中華文明視野下四川地域文化傳承傳播及發展創新、講好四川故事的又一盛舉。既能帶給深懷泡菜情結的四川人以家的記憶，也是給海內外青睞川菜、對四川泡菜情有獨鍾的眾多「好吃嘴」，開啟了一扇深度瞭解川菜文化和川人生活傳統與日常的窗戶，從中去尋找自己一生的最愛。

非常期待《四川泡菜》的儘早面世，非常期待更多熱愛中華美食、垂青川菜文化的朋友們將此書納為家庭生活必備與案頭珍藏，並與此為伴。

中國書法家協會副主席、草書委員會主任
四川省文學藝術界聯合會副主席
四川省書法家協會主席，四川省政府文史館館員　戴 躍 2024 年 8 月 15 日於四川成都

我的泡菜情緣

泡菜是四川人家庭中最常見的一個小菜，幾乎家家戶戶都有泡菜。

泡菜一直是心中的最愛，我甚至把泡菜看做是川菜中最了不起的調味品，是任何調料都替代不了的。

作為一名專業川菜廚師，註定要和泡菜結下不解之緣。

記得小時候，家裡面能吃的東西屈指可數，恰恰泡菜罈子裡面的各種泡菜是最多的，放學餓了、饞了就去偷泡菜解解饞，所以泡菜對於我來說，是伴隨著我成長的，以至於我對泡菜的記憶最為深刻。

後來走上從廚的道路，無論去到哪裡工作，我都會在當地製作一罈泡菜。記得1988到1996年間先後被外派去很多國家擔任川菜廚師工作，周圍的人事物都在變化，唯一不變的就是我依然會自己準備一罈泡菜，以此來緩解我的思鄉之情。

隨著經歷與廚藝的積累與提升，對泡菜的情感日益加深，更多次產生特殊的靈感，創造出多種「葷」泡菜和「海鮮」泡菜，這些創新菜品在各個酒樓都深受客人的好評和喜愛。比如我研發的著名創新葷泡菜「爽口老罈子」就用了幾種葷的食材，主要有雞爪、豬耳、豬尾，泡製後，用小土泡菜罈作為盛具，呈現在餐桌、宴席上，這種菜品的呈現形式後來被全國各地的餐廳爭相模仿，在全國廣為人知，後來這道葷泡菜直接被一些食品廠家改良後發展為大規模的預製菜及休閒食品產業鏈。

在2000年左右，先後擔任成都幾家著名的泡菜大酒樓總廚和廚政經理，為酒樓開發了很多有關於泡菜的特色菜品，如「泡豇豆煸鯽魚」、「山椒泡鮑魚」等，並開發了一個以泡菜為主題的創新川菜宴席，並以此獲得了金廚獎。

這本書彙集了我一生中對泡菜的深刻領悟，每一道菜都是經過不斷的實踐與總結，傳承給徒弟朱建忠的同時教學相長，共同撰寫這本傳世之作並示範製作書中菜品。希望通過這本書，讓廣大的讀者朋友們能在其中學到一些泡菜的技術知識，在家也能做出各種開胃爽脆的泡菜。

2024年06月18日

泡菜罈內乾坤大

泡菜，既是一種美食，又是一種存貯食材的方式。

1980年代，成長於川東大巴山，剛懂事的我，記憶裡，家中陰涼通風處總有幾個大小不一的泡菜罈子，泡有紅皮蘿蔔、圓根白蘿蔔、青紅辣椒、薑、豇豆、洋薑、茄子等。既可以吃飯時下飯，又可以炒菜時當調味料。在當時醫療條件不佳的時代，有些泡菜還可應急用於消炎、消腫、退燒等病症。

土地剛剛包產到戶的1980年代初期，農村生活條件相當艱苦，各種粗糧細糧嚴重缺乏，在農忙季節，忙完地裡的農活後回家吃飯，來上一大碗紅苕稀飯，再從泡菜罈裡撈出幾根黃澄澄的泡豇豆、泡青菜下稀飯，就是豐盛的一頓飯。

冬季剛結束，三四月的農村嚴重缺乏蔬菜，而五月以後，各種豆類、瓜果、根莖、葉類蔬菜又多不勝數，這是川渝地區的農業常態。為了解決這一問題，勤勞的四川人民都是將吃不完的新鮮辣椒、豇豆、薑、蘿蔔洗淨後泡入泡菜罈內貯存起來，以便收穫淡季時有蔬菜可食用。

1990年代進入了餐飲行業工作學習，期間積累各種泡菜製作、應用的知識與技藝，特別是在烹製我擅長的川味河鮮菜餚時，總會運用大量的泡辣椒、泡薑、泡酸菜來調味，充分利用泡菜在泡菜罈內由乳酸菌長期發酵產生的酸香味，成菜酸香爽口開胃、提神醒腦，如：風靡全球的「酸菜魚」，還有「泡菜魚、球溪河鯰魚、藿香鯽魚、泡豇豆燒翹殼」等都是泡菜調味的美食。

在川菜行業工作三十多年，不斷將自己的工作經驗和日常烹飪時遇到的疑難問題加以總結、摸索，先後出版發行了《經典川味河鮮》、《就愛川味兒》、《重口味川菜》等川菜烹飪書籍，後與恩師舒國重強強聯手推出《玩轉辣椒》，一本專門介紹川菜中辣椒應用的烹飪圖書，大獲好評。

在此，我和恩師舒國重再次強強聯手推出本書《四川泡菜》，將畢生烹飪經驗與技藝加以彙總、梳理，結合重慶、川東、川西、川南、川北民間泡菜風味的特點與工藝編撰成書，期望本書為川菜文化的發揚盡自己綿薄之力。由於時間倉促、在編寫、排版、製作過程中的不足之處，望各位有識之士加以批評指正。

作者序

Book
Author

2024年05月12日

目錄

Book Contetns

推薦序	泡一罈講究　張中尤	008
推薦序	川味之根——四川泡菜　何豔平	009
推薦序	泡菜——四川人的奇思巧製　戴躍	010
作者序	我的泡菜情緣　舒國重	012
作者序	泡菜罈內乾坤大　朱建忠	013

第一篇　巴蜀泡菜類型與特點

第一章　巴蜀泡菜，地方風味

川西泡菜風味……023
川南泡菜風味……023
川北泡菜風味……025
重慶市及川東泡菜風味……025

第二章　四川泡菜類型

長年型泡菜……026
當年型泡菜……028
速成型泡菜……029
其他型泡菜……030

第三章　四川泡菜味型

鹹酸味泡菜……033
鹹甜味泡菜……034
酸辣味泡菜……034
糖醋味泡菜……035
酸甜味泡菜……035

第四章　泡菜，巴蜀人家這麼吃

吃本味……036
拌味法……036
烹食法……036
改味法……036
四川泡菜就是美味川菜……037
四川泡菜作為川菜輔料……039
四川泡菜作為調味品……039

第二篇　起一罈泡菜

第一章　泡菜鹽水、原料與裝罈

一、泡菜鹽水類型 ……………… 043
出胚鹽水 …………………… 044
新鹽水 ……………………… 045
老泡菜鹽水 ………………… 045
新老泡菜鹽水 ……………… 045
新泡菜鹽水 ………………… 046
洗澡泡菜鹽水 ……………… 046
二、泡菜鹽水的佐料與香料 …… 046
佐料 ………………………… 046
香料 ………………………… 046

三、常用植物性原料 ……………… 047
1. 葉菜類 …………………… 048
2. 根莖類 …………………… 048
3. 瓜果類 …………………… 048
4. 花椰菜類 ………………… 048
5. 豆類 ……………………… 048
6. 其他類 …………………… 048
四、常用動物性原料 ……………… 049
五、泡菜裝罈方法 ………………… 050
乾裝罈 ……………………… 050
間隔裝罈 …………………… 051
鹽水裝罈 …………………… 051

第二章　泡菜器具與泡菜罈管理

一、泡菜罈與器具 ……………… 052
經典泡菜罈 ………………… 052
泡菜罈的測試與選購技巧 …… 053
新型泡菜罈與其他泡製容器 … 054
壓制器具 …………………… 055
二、泡菜罈衛生管理 …………… 056
泡菜罈的貯放環境 ………… 056
日常衛生管理 ……………… 057
三、出胚與日常養護管理 ……… 058
蔬菜質地與出胚鹹度 ……… 058
蔬菜質地與出胚時間的掌握 … 058
香料包的使用與管理 ……… 059
氣溫與鹽味的滲透 ………… 059
氣候與鹽味的掌握 ………… 059
食用時間與蔬菜加工 ……… 060
泡製時間與蔬菜的日曬 …… 060

貯存時間與泡菜狀態 ……… 060
貯存時間與泡菜鹹度 ……… 061
老泡菜罈添新鮮食材 ……… 061
四、泡菜鹽水的診治 …………… 061
怎樣救治變質冒泡現象？ …… 061
怎樣救治深釅現象？ ……… 061
怎樣除蛆蟲及避免滋生？ …… 062
怎樣去黴花？ ……………… 062
怎樣治理鹽水的明顯漲縮？ … 062
五、四川泡菜專用名詞、術語 … 063
01. 出胚　02. 渾釅　03. 生花
04. 喝風　05. 走籽 ………… 063
06. 空花　07. 汗手　08. 清亮　09. 曬焉
10. 接種　11. 生蛆蟲　12. 冒泡
13. 葷泡菜 ……………………… 064

第三章　從 0 開始，養一罈老泡菜鹽水

第一階段：起一罈新泡菜 ……………………… 066
第二階段：養出老泡菜鹽水 …………………… 066
養老泡菜鹽水常用食材、調料及其作用 ……… 068
養老泡菜鹽水不能用的食材 …………………… 069
養老泡菜鹽水成功祕訣 ………………………… 069

目錄

Book Contetns

第三篇 | 經典川味泡菜

001 泡魚辣椒……………072
經典菜品 01 魚香雞排……074
002 洗澡泡菜……………075
003 泡野山椒……………076
004 泡青菜………………078
005 泡青二荊條辣椒………080
經典菜品 02 泡椒雞雜……081
006 泡青辣椒……………082
經典菜品 03 泡青辣椒炒豬肝……083
007 泡薑頭………………084
008 泡花菜………………085
009 泡仔薑………………086
經典菜品 04 仔薑兔………088
010 泡美人椒……………089
011 泡豇豆………………090
經典菜品 05 泡豇豆炒肉末……091
012 泡洋薑………………092
013 泡青菜頭……………093
經典菜品 06 碎肉炒泡青菜頭……094
014 泡胡蘿蔔……………095
015 泡茄子………………096
016 泡甜椒………………097
017 泡蘿蔔………………098
經典菜品 07 酸蘿蔔老鴨湯……099
經典菜品 08 泡蘿蔔爆鴨丁……100
018 泡蘿蔔纓……………101
經典菜品 09 纓花爆黃喉……102
019 泡白花藕……………103
020 泡芋仔………………104
021 泡大蒜………………105
022 泡苤藍………………106
023 泡紅皮蘿蔔…………107
經典菜品 10 蒜苗炒泡蘿蔔……108
經典菜品 11 酸蘿蔔絲煮大蝦……109
024 泡芥子………………110
經典菜品 12 苦薑燉鴨掌……111

025 泡兒菜………………112
026 泡甜蒜薹……………113
027 泡芹菜心……………114
028 泡地蠶紐……………115
029 泡地瓜………………116
經典菜品 13 泡地瓜炒兔丁……117
030 泡蒜薹………………118
經典菜品 14 泡蒜薹炒肉絲……119
031 泡青菜頭皮…………120
032 泡蓮白………………121
033 泡瓢菜幫……………122
034 泡水芋莖……………123
035 泡洋雀菜……………124
036 泡青豆………………126
經典菜品 15 泡青豆炒豆腐乾……127
037 泡土耳瓜……………128
經典菜品 16 泡土耳瓜炒肉片……129
038 泡刀豆………………130
039 泡四季豆……………131
040 泡黃瓜………………132
041 泡冬瓜………………133
042 泡冬筍………………134
經典菜品 17 泡冬筍炒鴨條……135
043 泡萵筍………………136
044 泡八月筍……………137
045 泡茭白………………138
經典菜品 18 泡高筍炒肉絲……139
046 泡苦瓜………………140
047 泡土豆………………141
048 泡白蘿蔔皮…………142
049 泡胭脂蘿蔔…………143
050 泡黃豆芽……………144
051 泡綠豆芽……………144

第四篇　萬物皆可泡之創意泡菜

第一章　葷泡菜——禽、畜、水產、海鮮

052 泡鳳爪 …………………… 150
053 泡鳳冠 …………………… 151
054 泡烏雞 …………………… 153
055 泡鴨胗花 ………………… 154
056 泡鴨掌 …………………… 155
057 泡椒蹄花 ………………… 156
058 泡辣腰花 ………………… 158
059 泡豬尾 …………………… 159
060 泡黃喉 …………………… 160
061 泡豬耳片 ………………… 162
062 泡心片 …………………… 163
063 泡鯽魚 …………………… 164
064 泡魚翅 …………………… 166
065 泡鮮鮑魚 ………………… 167
066 泡海螺片 ………………… 168
067 泡基圍蝦 ………………… 170
068 泡墨魚仔 ………………… 171
069 泡鮮魷魚 ………………… 172

第二章　泡水果、豆類及堅果

070 泡梨子 …………………… 176
071 泡蘋果 …………………… 178
072 泡柚子 …………………… 179
073 泡馬蹄 …………………… 180
074 泡鳳梨 …………………… 181
075 泡枇杷 …………………… 182
076 泡香瓜 …………………… 184
077 泡李子 …………………… 185
078 泡板栗 …………………… 186
079 泡花生仁 ………………… 188
080 泡鮮豌豆 ………………… 190
081 泡紅腰豆 ………………… 191
082 泡鮮蠶豆 ………………… 192
083 泡大雪豆 ………………… 193

第三章　藥膳泡菜

084 西洋參泡蓮白 …………… 196
085 沙參泡洋薑 ……………… 197
086 金銀花泡豇豆 …………… 198
087 百合泡青筍 ……………… 199
088 淮山藥泡花仁 …………… 200
089 麥冬泡蘿蔔 ……………… 202
090 桂圓泡蓮藕 ……………… 203
091 當歸泡西洋芹 …………… 204
092 當歸泡脆耳 ……………… 206

第四章　醋泡法泡菜

093 醬香泡蘿蔔 ……………… 210
094 玫瑰蘿蔔 ………………… 212
095 醋泡長生果 ……………… 213
096 醋泡蒜薹 ………………… 214
097 醋泡藠頭 ………………… 216
098 醋泡板栗 ………………… 217
099 醋泡藕片 ………………… 218
100 醋泡豬蹄 ………………… 220
101 老醋鳳爪 ………………… 221
102 醋泡帶魚 ………………… 222
103 老醋泡酥魚 ……………… 224

跋：泡菜情結 ………………… 226

第一篇 巴蜀泡菜類型與特點

泡菜在不同地區的名字不同，又稱醃菜、酸菜、醃漬菜。
泡菜歷史悠久、廣泛流傳，大江南北都擁有獨具特色的醃漬菜、泡菜工藝，許多地區更是家家戶戶都會做。
四川、重慶地區對泡菜的偏好最為突出，以「四川泡菜」一名傳遍天下，更是川渝百姓家戶的必備。
大量川菜名菜都離不開四川泡菜，如：魚香肉絲、酸菜魚、酸湯肥牛、泡椒豬肝、酸蘿蔔燉老鴨、川東酸菜雞、米椒酸辣海蔘等等，有些地方在筵席中也會上幾碟可口的泡菜，以利食客開胃與清口、改口。

「泡菜」源自古代的一種酸菜「菹」（音同居），一種經加工、能長時間貯存的蔬菜加工食物，最早的文獻記錄出現於西周初年至春秋中葉期間成書的《詩經‧小雅‧信南山》：「疆場有瓜，是剝是菹、獻之皇祖。」傳承至今，泡菜食用歷史最少有 2400 多年，一筷一口泡菜就是滿滿的時間滋味。

Paocai types

泡菜工藝產生的原始目的，是將季節盛產或吃不完的食物原料進行長時間貯存，古代歸為「漬」的一種長時間浸泡工藝，發展至今日，浸泡介質多樣，如鹽、醋、醬、糖、鹽水、酒糟、醬油等等，製作出的品種十分豐富，市場與產業將其歸為「醃製菜」大類，再分為二個主要類別，發酵型醃製菜與非發酵型醃製菜（見《泡菜生產技術》，謝娜娜、趙莉君編著），川菜地區經典泡菜的製作多有發酵過程，屬於發酵型醃製菜。

巴蜀川菜地區，「泡菜」作為地方特色的原料，以植物性食材為主，質地厚實、口感脆爽的時蔬、瓜果最為適合，經過出胚前加工後，泡入裝有特調鹽水且設計獨特的泡菜罈中，在厭氧狀態下發酵、泡製一定時間就是醇香酸爽的四川泡菜。

四川泡菜的發酵主要來自於活性乳酸菌的參與，採傳統工藝製作的四川泡菜都可說是「活泡菜」，自帶濃郁的乳酸香且口感脆爽，猶如鮮採，美味之外，蘊含的大量乳酸菌對身體健康更有積極的效益。

泡菜二三事

泡菜在不同地區的名字不同，又稱醃菜、酸菜、醃漬菜，由於歷史悠久、廣泛流傳，大江南北的許多地區都擁有獨具特色的醃漬泡菜

照片是經考證的西漢、東漢與魏朝出土的泡菜罈，與今日泡菜罈形式與功能一樣。這象徵泡菜罈不只是傳承二千年的成熟器皿，更是泡菜工藝傳承的重要佐證。照片拍攝於眉山市中國泡菜博物館。

小知識 @ 菹然如此

成書於東漢，由許慎所著的《說文解字》中對菹字的解釋為「菹，酢菜也。」「酢」字讀音同「醋」時，是「酸的」意思，也是指發酵後帶酸的液體，翻譯成白話即「菹是一種在液體中發酵的酸菜」。

工藝,許多地區更是家家戶戶都會做,其中四川、重慶地區的普遍性與偏好最為突出,不但是百姓人家的必備日常用菜,有些地區在筵席中也會上幾碟可口的泡菜,以利食客開胃與清口、改口,現今各大餐館、酒樓除了提供多種泡菜相關菜品,也多會依循傳統,為食客提供可口的泡菜。

　　泡菜具體做法的文獻記錄最早出現於一千多年前成書,北魏時期的《齊民要術》中,說明我國百姓在悠久歲月生活中,始終對泡菜有著千絲萬縷、割不斷地情結,尤其是西南川菜地區對泡菜更是視如珍寶,在農業為主的早期,重慶、四川更普遍有選媳婦看她照顧的泡菜罈習俗,有些地方更把泡菜當作嫁妝之一,或是備上一罈泡菜水給女兒帶到夫家,既象徵親情不斷,也象徵組成的新家庭有了好泡菜就不愁吃的期盼,足以說明泡菜在川菜地區人民日常生活中的重要地位。

　　四川泡菜作為歷史悠久,精湛的食材保存、加工技術傳承,早成為川菜的重要組成部分,有著極其濃郁的地方風味特色,四川泡菜在我國各地泡菜製作中獨樹一幟,不僅品種多,口味更是多樣化,泡製方法也多,現今不只泡漬時蔬瓜果,更發展到泡製各種葷食材(動物性食材),如泡鳳爪、泡耳片等等,而在眾多的泡菜譜系中聲名鶴起、深受食客的喜愛,部分葷泡菜在現代食品加工技術的加持下更成為全國暢銷的休閒食品。

早期,重慶、四川更普遍有選媳婦看她照顧的泡菜罈習俗,或是備上一罈泡菜水給女兒帶到夫家。

川東偏好泡青辣椒,相較於泡紅辣椒,滋味更厚重。圖為達州市渠縣知名酒樓的泡菜基地。

第一章　巴蜀泡菜，地方風味

川味泡菜，市場上習慣稱之為四川泡菜，由於製作比較簡單、經濟實惠、不限時令、利於貯存、取食方便，能做菜餚又可作為調味料品，如四川泡菜中的泡辣椒、泡薑、泡酸菜、泡蒜、泡蘿蔔等都是烹調川菜重要而獨特的調味料之一，川菜的發展與創新的過程更是和四川泡菜緊密連結，如火爆全國的泡椒墨魚仔、酸菜魚、魚香肉絲等等都離不開四川泡菜。

多數四川泡菜之特色風味來自活乳酸菌的發酵，主要優勢益菌種有植物乳桿菌（Lactiplantibacillus plantarum）、短乳桿菌（Lactobacillus brevis）、戊糖乳桿菌（Lactobacillus pentosus）、發酵乳桿菌（Lactobacillus fermentum）、腸膜明串珠菌（Leuconostoc mesenteroides）等數十種（參考資料：《泡菜微生物學研究》，陳功編著），維持發酵活菌的健康與穩定就使得管理泡菜成為入門簡單，想要精深則需要足夠的專業知識、技術與大量經驗累積的一門工藝，也需要細心與勤快，更講究清潔衛生。既要根據各種蔬菜瓜果食材的質地、特性不同分別進行粗加工，還需準確掌握調配製作泡菜鹽水的鹹度及泡製方法，泡製期間須根據氣溫、水質、環境位置、通風條件等變數進行妥善管理、靈活調控，才能達到所泡產品色香味形具佳，即不變色、不變形（變軟）、不進水（污染）、不走籽（空心）、不豁風（變味）、不過鹹、不過酸等特點。

四川泡菜成品多數能保有食材原色與口感堪稱一絕。圖為眉山東坡泡菜非物質文化遺產體驗基地所展示的各種活泡菜，色澤飽滿、誘人食慾，靠近觀察可見乳酸菌發酵產生的細微氣泡。

位於成都城西金牛壩的易園園林博物館集中呈現川西園林特點，並融入各種餐飲休閒功能。

川西泡菜風味

　　川西地區主要指成都平原地區，以成都為中心，涵蓋眉山、樂山、德陽一部分等十多個市、區、縣，組成自古知名的「天府之國」，土地肥沃加上都江堰灌溉帶來豐富、盛產的各種蔬菜瓜果，氣候溫和、水質較好，形成十分利於泡製各種類型和口味的泡菜地區。

　　川西地區泡菜主要代表為成都周邊幾個縣區，1990年代前以新繁泡菜最為有名，泡製的各種泡菜多是傳承百年經典之作，除泡製各種常見的時蔬、瓜果外，還泡製多種水果類泡菜，如泡鳳梨、泡柚子、泡梨子、泡蘋果之類，除泡製常見的鹹酸味外，還有酸辣味、鹹甜味、甜酸味。現在四川泡菜產業主要集中在成都南面的眉山市。

　　成都泡菜味型以鹹酸味為核心，常見的特色菜有魚香肉絲、泡椒雞雜、泡豇豆煸鯽魚、泡菜魚、酸蘿蔔老鴨湯、泡椒激胡豆等。南面的邛崍、大邑到眉山一帶的泡菜以酸甜味、鹹甜味較突出；西邊崇州地區的泡菜則是以鹹甜味和鹹酸味為特徵。

川南泡菜風味

　　川南地區涵蓋內江、自貢、瀘州、宜賓等，口味偏好相對較重且喜好辛辣，泡菜的味型偏鮮辣味，多鹹酸帶辣，主要泡各種新鮮蔬菜、生薑、辣椒及瓜果，尤其以泡小黃薑、泡朝天椒、泡小米辣、七星椒等著名，這類泡菜十分適合作為烹調菜品的調輔料，尤其是烹製川南風味的河鮮菜餚，酸香鮮醇而辣的泡菜在河鮮菜品中起到十分重要的去腥、提鮮、增香作用，如：梭邊魚（即酸菜魚，川南自貢一帶稱老酸菜為「老梭邊」）。利用各種泡菜調味的地方特色菜品還有仔薑兔、泡椒鯰魚、活水清波、二黃湯黃臘丁、泡椒燒江團等。

川南自貢市榮縣著名的榮縣大佛。

第一篇　巴蜀泡菜類型與特點

著名的歷史景點劍門關風情，劍門關位於川北廣元市劍閣縣。

川北泡菜風味

川北包含綿陽、廣元、巴中、南充等地，泡菜口味是以鹹酸、口味為主，一些地區喜歡用乾辣椒、花椒、蒜頭等用於泡菜的泡製調味料，常見的特色菜有泡菜炒灰菜（魔芋）、泡海椒炒臘肉、泡菜拌涼粉、酸菜炒飯、酸菜炒蛋、酸菜酥肉湯等。

泡菜是川北地區百姓居家常用菜，過去川北人家女兒出嫁時的嫁妝中必須有數罈泡菜。可見泡菜在百姓心目中、生活中的重要性。川北地區泡菜類型包括各種能泡製的瓜果蔬菜，如蘿蔔、豇豆、洋薑等川北特色食材，當地有泡製陳年老泡菜用於食療的傳統，如「泡茄子、泡酸蘿蔔、泡李子」等，可理療一些常見而輕微的身體不適症狀。

重慶市及川東泡菜風味

直轄市重慶市位於四川省東南與四川東部的達州、廣安、遂寧同屬於川菜文化的東部文化圈，有著相近的飲食習慣、地理環境與氣候，緯度偏南，多山且丘陵起伏，氣候相對比川西溫和、濕潤，蔬果種類豐富多樣，物產方面相近，喜歡泡青辣椒、泡薑頭等，泡菜的總體滋味更偏好辣味與原味，形成重慶市及川東愛用泡青辣椒入菜，川西則是偏好使用泡二荊條辣椒的地方烹調特點。

重慶市及川東地區各式泡菜的味型以酸辣味、鹹酸味為主，泡製時，香料種類及用量普遍較川西少，日常三餐必備泡菜，至今仍可在多數人家中都找到幾口泡菜罈子，泡著各種泡菜和醃菜。常見的地方特色菜品、小吃有泡椒肉絲、達州酸菜（酸辣）雞、泡椒豬肝麵等。

小知識＠莫然如此

記憶中神奇的泡菜一

我（朱建忠）老家位於川東深山的偏僻農村，小時候的生活條件比較差，導致我免疫力較低，三天兩頭經常感冒、發燒。

記得在一個夏天的晚上突然高燒不止，燒的不省人事，當時大山深處的鄉下，屋外一片漆黑，母親就用陳年泡菜罈裡的酸蘿蔔切成厚片，然後貼在我的上背部，也可貼額頭，每一小時更換一次，母親守著我，熬了一夜的通宵，直到第二天早上症狀開始緩解，我也才真正睡著，發燒狀況到中午就消失了，身體也跟著恢復正常。

現今醫療條件佳，若有較大的症狀，仍應優先到醫院診療。

重慶萬州泡椒味烤魚重用泡青辣椒及木薑果（山胡椒）調味，地方風味極為鮮明。

第二章 四川泡菜類型

泡菜分類可依據泡製的方法、時間長短到所泡製的食材原料來加以歸類劃分，如泡製方法可分鹽水泡、醋泡、糖汁泡等類型，以食材分可分為素泡菜（簡稱泡菜）、葷泡菜、水果泡菜、藥膳泡菜等；以時間分則有速成型泡菜、當年型泡菜、長年型泡菜等，不同分類法各有使用場景與優缺點，實務上多混合使用，更能簡潔而準確描述泡菜的特點。

川渝地區常用的泡菜分類方法主要依據泡製時間長短來區分，有長年型泡菜、當年型泡菜、速成型泡菜，無法用時間作依據的特殊泡法都歸到其他型泡菜，或结合其他分類法來進行分類，詳細介紹如下：

長年型泡菜

川渝地區所謂長年型泡菜是指泡製熟成時間相對長，且每一食材原料都以專用的優質泡菜罈進行泡製才能夠長時間保質，同時能穩定風味。一般需要泡製六個月以上，其風味的飽滿度才及格，才算是初步泡熟。此時的長年型泡菜可以用，但滋味不夠濃郁、欠缺醇厚感，一般泡超過一年才算是長年型泡菜，川渝百姓習慣稱之為老泡菜，乳酸香及各方面滋味都達到頂峰，用於菜品中才能充分體現長年型老泡菜特點。

長年型泡菜的最大特點，也是泡菜這一工藝誕生的主要目的就是「耐貯存」，泡熟後在泡製狀態下，通過良好的管理，長年型泡菜大多可貯存一年以上，久的可超過二年，達到常年可用的貯存目的，這類泡菜又俗稱「老泡菜」或「老酸菜」，常見的有泡酸蘿蔔（又稱酸蘿蔔）、泡青菜（又稱酸菜、梭邊菜，川渝「青菜」一名專指大芥菜）、泡豇豆等。

長年型泡菜也不是非泡這麼久才能吃，若不考慮風味濃淡，絕大多數泡菜只要入罈泡個三五天就能將就著吃，然因食材夾生、滋味融合不充分、乳酸味也寡淡，川菜地區一般不會急著吃已入罈的長年型泡菜，真有急需，也是通過改採當年型或速成型泡菜法來獲得色香味相對完整的泡菜，對於「吃」，川菜地區的人們從不妥協。

長年型泡菜在川菜中主要作為調味料或輔

左圖為收藏於郫縣川菜博物館，經修復後的清‧康熙年間的精美青花四開光山水人物紋泡菜罈，是該博物館的鎮館之寶。右圖為泡青菜，最典型的長年型泡菜。

長年型泡菜通常要大規模泡製較符合效益，更是川味河鮮魚餚的重要調輔料，許多川渝地區以川味魚餚作為特色的中大型餐館酒樓，多會自行泡製各種符合自家菜品風味要求的長年型泡菜，如泡青菜、泡蘿蔔。圖為作者的泡菜基地。

泡辣椒，最典型也是最被熟知的當年型泡菜。

料角色，應用於特色菜品的烹調，乳酸香滋味濃厚是這類菜品的鮮明特點，如「酸蘿蔔燉老鴨」就是以長年型泡酸蘿蔔烹製的傳統名菜。

當年型泡菜

當年型泡菜的泡製熟成時間多在三到六個月，泡熟後在泡製狀態下可貯存時間在一到十個月之間，此類泡菜品種眾多，如泡仔薑、泡辣椒、泡苤藍、泡芋頭、泡洋薑、泡芥子、泡蒜薹、泡薑頭等。

較特別的是泡蘿蔔、泡豇豆、泡青菜等泡菜會因為需求不同，有一大部分是未泡滿一年就拿來使用，此時會被歸類為當年型泡菜；若沒使用完，可以繼續泡製，就成為長年型泡菜。要特別注意的是，多數當年型泡菜不能因為泡久了就變成長年型泡菜，原因在於原料本身久泡就軟爛，經不起一年以上的泡製或貯存。

當年型泡菜是四川泡菜的主要品類，此類泡菜泡製時需選擇優質泡菜罈，才能進行較長時間的泡製。這類泡菜大都是鹹酸味濃厚的泡菜，也有酸辣味或略甜酸味的泡菜，適合下飯或作為菜餚的調味輔料或主料。如傳統川菜的泡菜魚、酸菜肉絲湯、爛肉豇豆、酸菜魷魚等，以及現今流行的新派川菜、江湖菜中的酸菜魚、泡豇豆煸鯽魚、泡椒墨魚仔、泡菜燒仔鯰、泡薑仔兔等膾炙人口的川菜佳餚都是選用當年型泡菜來烹製的。

小知識@蓋然如此

記憶中神奇的泡菜二

童年（朱建忠）的記憶裡，一個五月初的下午，看見父親從田間一拐一瘸的吃力往回走，我趕緊過去接過牽牛的繩子。那時年紀比較小根本不懂得是怎麼回事，晚上才知道老父親在耕田時不小心腳背被釘耙給鉤到了，當下忙於春耕趕農活就沒處理，晚上回家時腳背就紅腫很厲害。

當時鄉下醫療條件很差，連吃飯都存問題的年代，別說有好的醫療條件了。當時母親去詢問一個赤腳醫生，他說用家裡泡菜罈裡的陳年泡茄子破開成兩瓣，再包裹在被釘耙鉤到的傷口處，即可以退燒、止痛、驅火並去除鐵銹的毒素。

母親立馬回家按照醫生的方法，給老父親用陳年泡茄子包裹傷口，一天換一次泡茄子，連續幾天父親的腳傷慢慢好了。

雖說神奇，但仍是當時醫療條件差的不得已方式，今日仍應去醫院做正規治療。

速成型泡菜

速成型泡菜又名「洗澡泡菜」、「跳水泡菜」，指短時間泡製成熟的泡菜類，最短的只需泡2至3個小時，長的也很少超過7天，絕大多數速成型泡菜在泡製成熟後都應在幾天內食用完畢，不適合長時間貯存。

速成型泡菜操作工序比較簡單、易學快捷、不像長年型泡菜、當年型泡菜的泡製條件有方方面面限制，一直是川菜地區居家常用的一種便捷、美味的泡菜做法，是當前最普及、廣泛的一種四川泡菜。

速成型泡菜特點有做起來方便、隨泡隨食、就地取材，不受地理、氣候、器具、時間的局限等優點。常見的如泡青筍、泡黃瓜、泡蘿蔔皮、泡蓮花白、泡白菜、泡西芹、泡胡蘿蔔、泡苤藍等，這些蔬菜現泡現吃，既可少量泡製、也可大量製作。

速成型泡菜主要作為開胃菜、下飯菜形式出現在餐桌上，四川人在食用時，習慣在速成型泡菜上加一點糖（或味精）、紅油辣椒，就是脆口、鮮爽、香醇、引人食慾的美味。與當

家常的洗澡泡菜，最被熟知的速成型泡菜，川菜廚師通過精工細做端上席宴。

當年型泡菜的食材原料較為多元，只要是蔬菜豐收的季節就是泡製當年型泡菜的季節。圖為成都二荊條辣椒著名產區牧馬山的交易集市，當地大姐大孃圍一圈是幫收辣椒老闆做揀選工作，賺外快。

年型泡菜、長年型泡菜相比，更貼近現代人們的生活節奏，因此速成泡菜（洗澡泡菜）成為食用最廣泛的四川泡菜品類，品種繁多而成為川渝地區，不論城鄉，家家戶戶都必備的泡菜，也是川菜酒樓、餐館與小吃店常備的泡菜。

其他型泡菜

其他型泡菜與傳統的四川泡菜在泡製鹽水、汁水的製作使用和操作方法有很大的區別，在泡製食材選用上也有天壤之別，添加的主輔料常見標新立異，常在餐飲市場引爆流行風潮。

其他型泡菜根據各自不同的泡製方法、泡菜汁的調製和食材選擇，又可以分為醋汁類泡菜、糖汁類泡菜、藥膳類泡菜以及葷食材泡菜（又叫葷泡菜）。

醋汁類泡菜的泡汁是以醋為主調製而成，這種泡法又稱為「醋泡法」，但運用範圍較小，只適合特定質地的食材，這種泡製汁水一般不能重複使用，是比較特別的一種糖醋泡法。

傳統醋泡汁幾乎只有醋及糖等佐料，基本不加額外水份，十分耐貯存，但滋味厚重，食

其他型泡菜包含多樣類型，多數不須發酵過程，製作上相對簡單，在現代川菜餐飲中多以前菜、涼菜角色呈現於餐桌，成品多數色澤鮮豔或造型別緻，共通的特點是爽口開胃。

用上多作為下飯小菜。現代醋汁類的泡汁則降低了醋的用量，一般是總汁水量的1～5成，且可選用的醋種類繁多，如香醋、陳醋、保寧醋、大紅浙醋等等，加上糖（包括冰糖、紅糖、白糖）等佐料調製成的泡菜口味多樣。

醋泡法特別適合泡製脆口的原料，如「泡花仁、泡甜薑頭、泡甜蒜、泡雪豆、泡糖醋仔薑」。這種泡法亦可泡製烹熟的動物性食材，如泡製豬蹄、豬肘子、豬尾、雞爪、豬耳等動物性食材，泡這些葷食材時通常會加一些辣椒增加其微辣的風味，讓爽口感更鮮明些，適度調和葷食材的膩感。

糖汁類泡菜在泡菜汁製作上與傳統泡菜的鹽水區別很大，泡製的汁水調味以糖為主，泡製方法也與傳統型泡菜不一樣，一般泡漬前需糖漬、鹽漬或者用開水汆一水，以除去其原料本身的一些水份和澀味。泡菜汁水一般不重複使用。

糖汁類泡菜汁通常偏黏稠，泡製的成品常具有浸潤光澤，猶如珊瑚工藝品般晶瑩剔透，

速成型泡菜傳統上以家常泡製的居多，泡製量一般較少但種類、花樣多，因此食材原料多來自菜市場或就地取材。

常見的有果汁脆冬瓜、珊瑚蓮藕（川菜中對色澤紅粉的菜品喜冠以「珊瑚」之名）、珊瑚蘿蔔卷、糖汁涼瓜等。

藥膳類泡菜是在傳統泡菜基礎上加入一些中藥材而成的泡菜類，最常見的是添加一些溫和、藥食兩用的中藥材，如枸杞、當歸、白寇、黃芪（黃耆）之類。若要泡製具備明確食療效果的藥膳類泡菜，則因涉及中藥材醫理和食材之間相生相剋的知識，要求十分嚴謹，而使此類泡菜流傳不廣，主要是少數擁有祖傳配方的家庭會少量製作，或是特定主題餐廳會製作、運用。

葷食材類泡菜是近二十多年才誕生並流行的一種新型的川菜泡菜類。

葷泡菜徹底顛覆了泡菜忌用葷類食材（動物性類原料）的界限，開闢了一個全新的泡菜領域，此類泡菜多採用富含動物性的膠原蛋白較重的原料，如雞爪、豬尾巴、豬耳朵、豬蹄、鴨掌等，以及一些脆性的動物內臟，如雞胗、鴨舌、豬心、豬舌、豬黃喉等。葷泡菜味型大多以酸辣味型為主，成菜色澤清淨、淡雅、酸辣可口、回味悠長，現此類泡菜成了川菜許多高、中、低檔酒樓飯店的常備品種，常見菜品有泡鳳爪、泡雞心、泡舌片、泡鴨掌、泡豬尾、泡鴨胗、泡耳片、泡豬腳等。

葷食材類泡菜徹底地改變了人們對四川泡菜用於下飯或調味的傳統認知，開創性的提升川菜一絕「泡菜」的品味與發展可能性，古老的四川泡菜也自此進入了一個全新的時代。

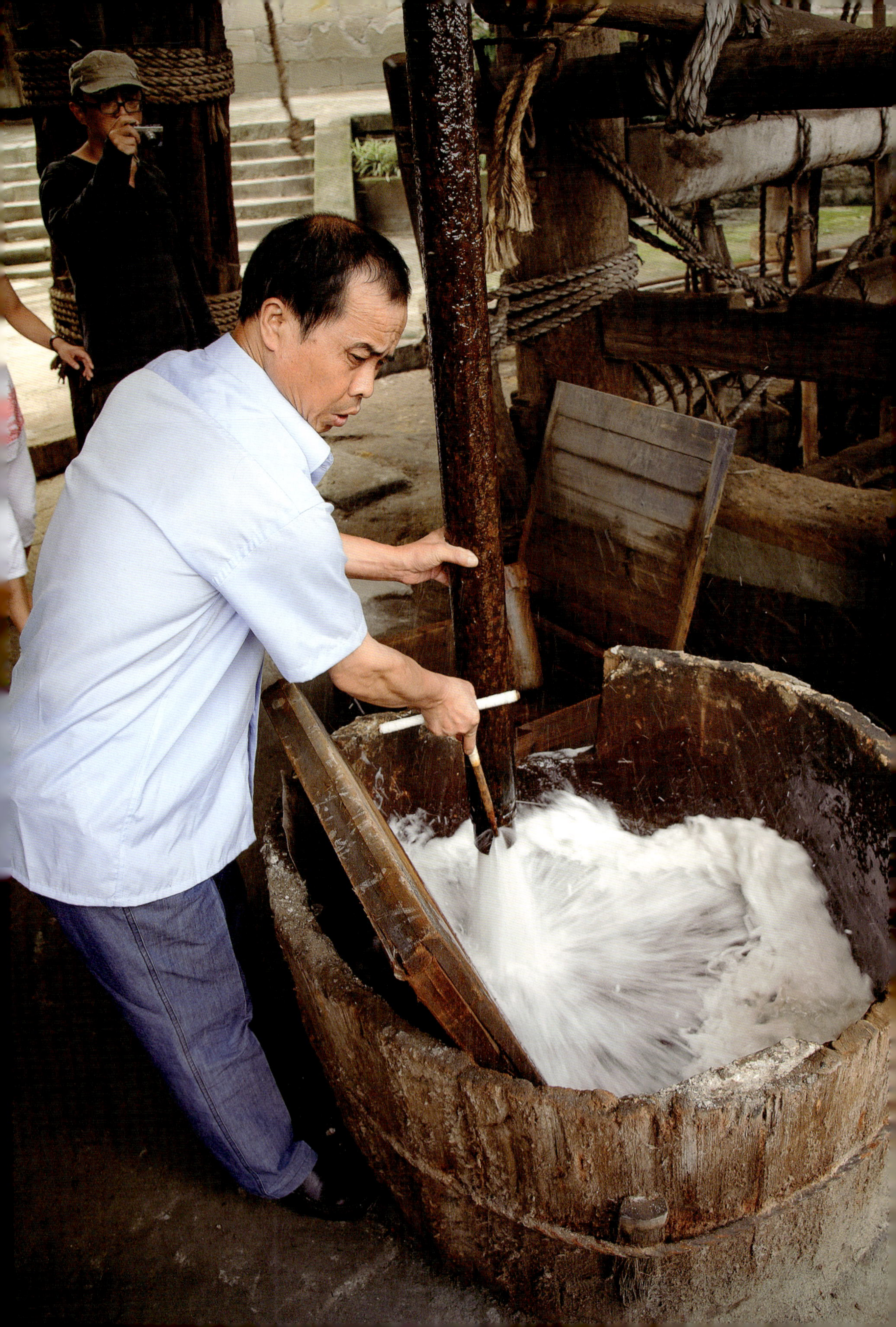

第三章 四川泡菜味型

四川泡菜之所以是中國式泡菜的代表，不但有其悠久的歷史和民俗特性，泡製方法多、食材選用廣泛，加上味道的多樣化等，都成為四川泡菜著名特點。四川泡菜味型豐富、味道美不僅聞之芬芳、食之爽口，更是餘味雋永。

四川泡菜的味型主要有以下幾種：

鹹酸味泡菜

鹹酸味是四川泡菜傳統的味道，也是四川泡菜最主要的泡菜味型。其味主要來自酵母菌與乳酸菌發酵而產生的酸香混合滋味，主要優勢菌種也都被驗證是對人體有益的優質乳酸菌種。大部分四川泡菜常用的味型就是鹹酸味，成品泡菜的鹽水口味鹹酸，這種泡菜統稱為傳統型陳年泡菜及當年泡菜。

這類泡菜水主要是用川鹽與冷開水調製，加入適量紅糖、白酒、醪糟汁、料酒、乾辣椒、花椒及配置的一些香料等調味。通過以月計算的長時間靜置發酵產生乳酸味，加上鹽水的鹹味就是熟悉的成品泡菜的鹹酸味，屬於可長時間泡製貯存的泡菜類型，更是在沒有冷藏、冷凍等現代保存技術出現之前的重要蔬菜食材的保存技術。四川泡菜中的「泡青菜、泡蘿蔔、

泡薑，鹹酸味泡菜。

川鹽，主要指川南地區產出的高品質井鹽，雜質率低，鹽鹵煮乾水份，結晶成固態即可食用，在精煉技術不發達的時代，鹽的品質足以影響一個地方的飲食。因此，川鹽是川菜一菜一格、百菜百味的基礎，更是四川泡菜色澤鮮豔、鹹酸醇香、口感脆爽的關鍵。圖為四川自貢市井鹽汲鹵天車及世界第一口超千米深井，現仍可生產的「燊海井」展示汲取鹽鹵及煮鹽作坊。

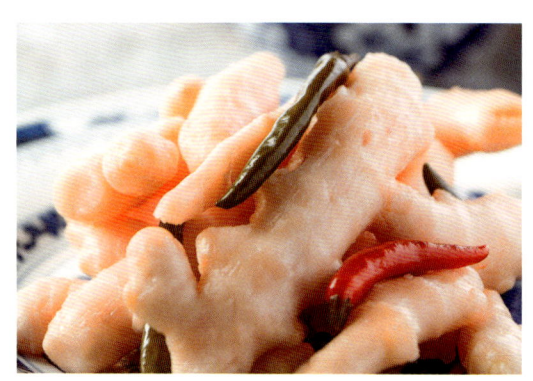

泡仔薑時加大糖的用量即成鹹甜味泡菜，更適合下飯、直接食用。

泡辣椒、泡薑、泡豇豆」等都屬於鹹酸味泡菜，這類泡菜多作為烹製川菜的調輔料，少部分可直接作為開胃菜食用，如：泡辣椒、泡豇豆、酸黃瓜。

鹹甜味泡菜

鹹甜味泡菜是在泡菜鹽水中加重糖（紅糖、白糖或冰糖、飴糖等）的用量，從而改變鹹酸風味，產生口感鹹甜微酸的滋味，這類泡菜多直接食用，是佐餐下飯的佳餚。

此類泡菜成菜多數色澤橙黃、質地脆嫩，用糖量的多少，可根據成菜的風味及食用者的喜好增減，在老泡菜鹽水的基礎上加重糖的比例即成鹹甜口味型的泡菜類。如傳統川渝地區泡製的泡甜仔薑、泡藠頭、泡甜蒜、泡甜蒜薹等均是鹹甜並重，甜中帶鹹或鹹酸中帶甜的口感味道。

酸辣味泡菜

酸辣味泡菜的風味及工藝都是當代四川餐飲業比較流行和盛行的泡菜泡製方法，多數有時間短、方法簡易的特點，屬於速成類型泡菜，這類泡菜也被統稱為「洗澡泡菜」，又稱「跳水泡菜」，指泡製時間較短，如同洗澡、跳水般，一下就出水了。

從滋味與泡製食材的差異，酸辣味泡菜可大致分為「素泡菜」、「葷泡菜」二大類。

素泡菜是最常見、經典而家常的酸辣味泡菜，鹹鮮味突出，酸辣味較為清爽適口。此類泡菜泡製時間通常只需 1～2 小時，最多的也不過 12 小時即可直接食用。

其鹽水的基本製作方式是取陳年的老泡菜水為底，加適量泡野山椒、泡小米椒、薑、蒜、西芹、洋蔥等調製而成；鹽水可以重複利用，但每次重複利用前都需要添加適量老泡菜鹽水與調味用輔料調整口味，以免滋味寡淡。其泡製的食材原料以日常蔬菜瓜果為主，如紅蘿蔔、白蘿蔔、白菜、高麗菜、大頭菜、青筍、菜心等等。

葷泡菜類型是創新的泡菜類型，鹹鮮味突出，酸辣味強烈過癮，是現今餐飲市場流行最為廣泛的「泡菜」，如「泡鳳爪、泡鴨掌、泡雞心、泡豬耳、泡豬尾、泡鴨胗、泡口條、泡毛肚」等。

其泡製鹽水的調製是以泡野山椒水為基礎，加礦泉水、川鹽、白醋、泡小米椒等調製而成。這種鹽水主要用於泡製葷類食材，鹽水只能一次性泡製使用，如果重複使用這個鹽水泡製，成品效果、滋味都較差，且腐敗機率大增。動物性原料的選擇以膠原蛋白重的為主，泡製前，必須進行加熱至熟，續用流動清水反覆沖漂乾淨油份的程序，其後才能進行泡製。

葷泡菜的鹽水配方也可泡製時蔬瓜果，泡製與維護則同素泡菜泡法，且鹽水可以重複利用，同樣只需要於每次再泡製前加川鹽、野山椒水等調整鹽水口味即可。

酸辣味應用最多的是葷泡菜，圖為泡椒蹄花。

醋泡蒜薹在川渝地區為常見的糖醋味泡菜。

糖醋味泡菜

糖醋味泡菜和傳統的酸甜味泡菜完全不一樣，它的泡汁是完全用糖（包括冰糖、紅糖、白糖）和香醋（或陳醋、保寧醋、大紅浙醋）調製成的泡菜汁，是比較特別的一種糖醋泡法。主要使用特別脆口的原料，如：泡花仁、泡甜薑頭、泡甜蒜、泡雪豆、泡糖醋仔薑。

這種糖醋味泡菜泡法又稱為「醋泡法」，運用範圍相對較小，只適合特定質地的食材，這種泡菜汁水一般不能重複使用。

糖醋味泡菜泡法亦可泡製多種烹熟的動物性食材，如泡製熟豬蹄、豬肘子、豬尾、雞爪、豬耳等動物性食材，泡這些葷食材時通常會加一些辣椒增加其微辣的風味，讓爽口感更鮮明些，適度調和葷食材的膩感。

酸甜味泡菜

酸甜味泡菜屬於四川較特殊的泡菜類型，與傳統鹽水泡菜在泡汁製作上有很大區別，風味特色也不相同，此味型泡菜可再細分酸甜味及甜香味二種，甜香味主要用於水果類的泡製，泡製原料的泡漬汁水主要是用水將糖熬化後晾冷，可加些蜂蜜調味，再放入原料泡製，成品晶潤糯口、甜香濃郁，部分回口微酸。傳統做法甜度極高，可作為長時間貯存的手段。

酸甜味型則是用糖加熱開水溶化後晾冷，再加入川鹽、白醋或果酸味突出的食材調製成泡漬汁水，多用於泡製本味較輕、質地嫩脆的時蔬，這種汁水泡製而成的泡菜具有質地脆嫩、色澤美觀、酸香爽口的特點。

酸甜味泡菜的成菜都具有色澤不變、質地脆嫩、口感酸甜等特點，一些泡製的蔬菜有近似水果的風味，清甜而酸味濃郁，食之特別爽口。如：「胭脂蘿蔔、珊瑚蓮藕、檸檬山藥、珊瑚蘿蔔卷、果汁涼瓜、橙汁冬瓜」等。

適合做酸甜味泡菜的食材可選擇類型有限，以水果類居多，圖為泡鳳梨。

第四章 泡菜，巴蜀人家這麼吃

四川泡菜的吃法多種多樣，主要在於味的變化和烹調加工幾個方面，從直接食用到作為各種菜品調輔料等，十分多元，總有一個吃法可以對您的胃口！

吃本味

吃本味就是直接吃泡製成熟之成品泡菜的滋味，如將甜椒泡成酸甜味、仔薑泡成微辣帶甜味、泡蘿蔔泡成鹹酸味等，泡熟後撈出就直接吃，沒有額外的調味。

泡成什麼味就吃什麼味，這種吃法是最簡單、最普遍的吃法。

拌味法

拌味法是在四川泡菜本味的基礎上，視泡菜本身的特性，再酌情添加調味料拌製而食。

這種吃法在川渝地區較為常用，例如將泡菜撈出後放點紅油辣椒、白糖、味精、花椒粉拌和後食用，其滋味十分可口又多變，多數適宜下飯。

此種吃法的美味與否在於調味料的優劣，如紅油辣椒首選菜籽油煉製的才香濃而醇，也可以選用優質乾辣椒粉拌食，這類辣椒粉多是辣椒炒香後才舂成粉。

烹食法

烹食法即將泡菜入鍋烹製後再食，泡菜在這裡通常做為主料或主要輔料，只適用於部分泡菜，其方法又有素炒、葷炒之別，如：泡蘿蔔、泡豇豆等用乾辣椒、花椒、蒜苗節熗炒食之；又可與肉末合炒，各具風味特色，如「泡豇豆炒肉末」。

改味法

改味法乃是將本味泡菜再放入另一種味的鹽水內，泡製成所需滋味的泡菜。此法原是在沒有所需滋味的泡菜，且準備時間較緊，或無此種蔬菜可用的特殊情況下，作為應急使用。但改味一般不如直接泡製，早期很少用此法。

泡好的芋仔切方塊後淋上紅油、撒入少許糖拌勻後加點蔥花就是滋味絕佳的紅油拌泡芋仔

改味法屬於靈巧變化的一種四川泡菜食用方式，十分考驗一個廚師的經驗與廚藝，通過言傳身教是經驗傳承的最佳方式，圖為作者舒國重與朱建忠師徒在朱建忠工作室製作本書內容時，與同門師兄弟及其徒弟們進行交流、傳承。

然而有些個別泡菜通過改味法可獲得效果、口感都不錯的成品，如「泡洋薑」採取先用鹹酸味鹽水泡製一兩天後，撈出又下入酸甜味的鹽水中泡製成菜後，口感滋味更勝直接泡製成熟的。

現在改味法使用得稍多，主要是當前人們對口味變化需求較多，用一種泡菜衍生出多種口味成為一種飲食趣味。

四川泡菜就是美味川菜

指泡製完成後就直接當菜品的的四川泡菜，主要是其他型泡菜，如泡蘋果、泡鮮豌豆、沙參泡洋薑、醬泡蘿蔔、醋泡蒜薑等美味泡菜，其中又以四川泡菜中的新成員菜品，「泡椒鳳爪、泡鴨掌、泡豬尾、泡豬耳、泡黃喉、泡鴨舌」等菜品的風味最為獨特且開胃助餐、四季皆宜、百吃不厭。

小知識＠蒞然如此

記憶中神奇的泡菜三

在那個剛剛開放的 1980 年代，農村裡的一些感冒、發燒、發熱、咳嗽等小症狀，都離不開那罈陳年泡菜。記得在一次農忙季節中，（朱建忠）與家人從地裡回家的路途中被暴雨給淋得完全濕透，到晚上就好幾個人出現一點鼻塞、頭暈現象，母親看情況不對，做晚餐時，就臨時決定用清油（菜籽油）燒熱後下入較平常多的乾辣椒段、乾花椒粒熗香，隨後加入陳年老泡菜鹽水燒開，放入麵條煮熟後作為全家人的晚餐。當下是吃的過癮，晚上睡覺時就出了一身的大汗，第二天起床，每個人的感冒的症狀都沒了，一身輕鬆。現在母親仍經常在茶餘飯間說到這事，回想起來就感覺泡菜真的很神奇！

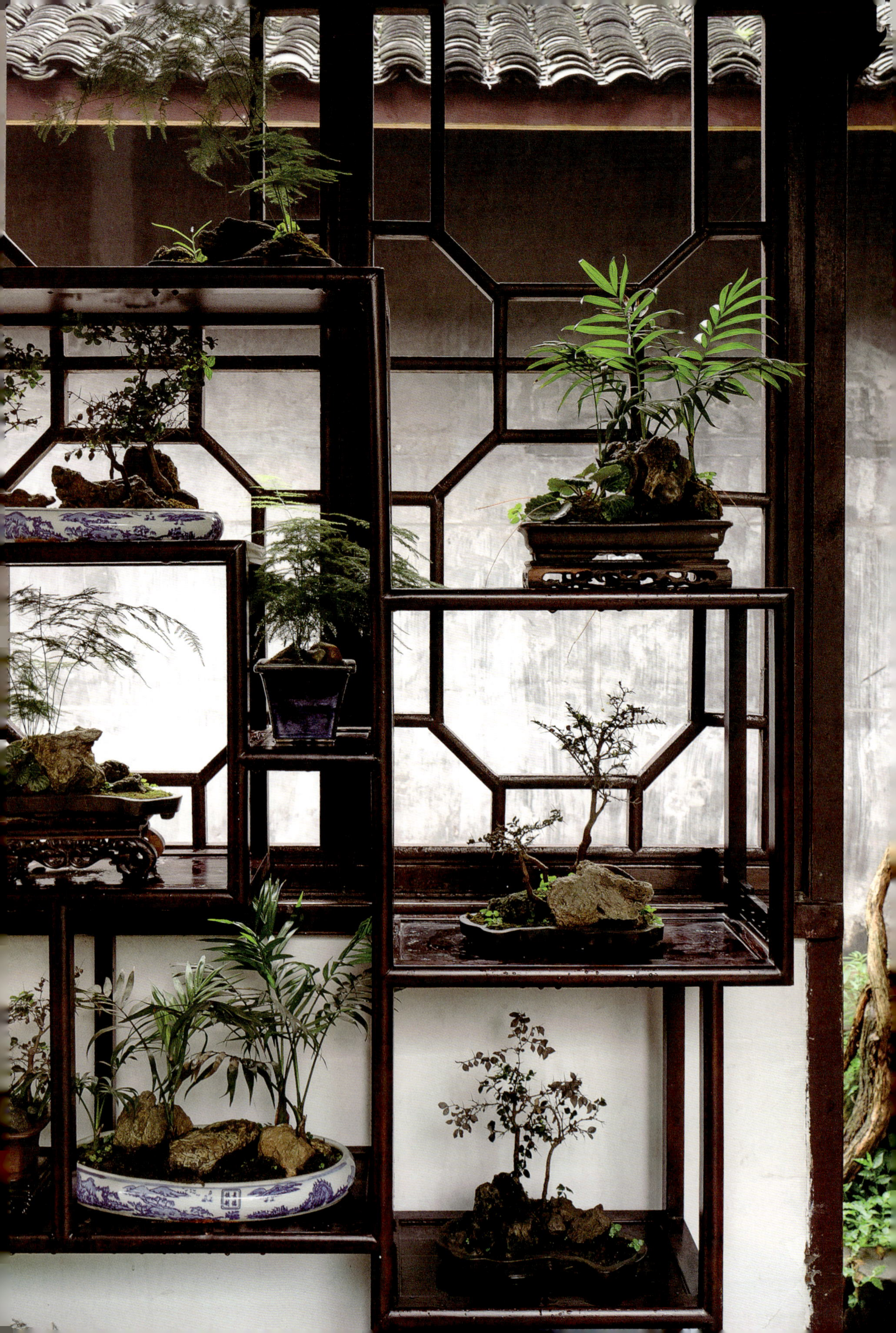

多樣化的泡菜佳餚，分別為：檸檬老罈酸菜魚、山椒泡雙脆、魚香八塊雞、豆瓣肘子、泡椒魷魚花，做法詳見舒國重、朱建忠合著之《玩轉辣椒》（賽尚圖文出版）。

四川泡菜作為川菜輔料

由於四川泡菜具有獨特的風味，同很多動物性食材原料配合烹製過程中，主料、輔料之間互相以本味滲透影響，使烹製出的菜品具有鮮明的川渝地方特色，常以四川泡菜作為輔料使用在新派川菜、四川江湖菜、民間土菜中運用廣泛。比如當下風靡全國「酸菜魚」這道川菜名菜，就離不開四川泡菜中用青菜所泡製成的「酸菜」。川菜經典名菜「酸蘿蔔老鴨湯」的美妙滋味離不開泡酸蘿蔔。

四川泡菜正廣泛地、大量的在現代川菜烹製中運用，如近幾年流行於餐飲業的泡椒系列菜品有「泡椒墨魚仔、泡椒牛蛙、泡椒鱔魚、泡椒雞雜、泡椒魚、泡椒黃喉」等眾多膾炙入口的泡椒菜品，均選用四川泡菜中的泡辣椒、泡薑等作為輔料或調味料，對成菜滋味特點起到關鍵的作用。

四川泡菜作為調味品

由於四川泡菜在泡製的過程中，吸收了鹽水中佐料、香料的各種鹽味、香味，加工泡製發酵產生的各種乳酸味的芳香和辣味，使四川泡菜自身具備了複合調味料的優勢，通過泡製發酵產生的香味、滋味，是任何調味品都不可能具備的，進而讓川菜習慣將四川泡菜作為調味品對菜餚進行調味。比如在鮮辣味或鮮酸味的菜餚中加少許泡辣椒、泡薑、泡蘿蔔、泡酸菜這些製品，既調味又提味。

四川泡菜對川菜而言是極為重要的風味「調味料」，是川菜魚香味、家常味、泡椒味等系列菜品所不可替代和缺少的調味料，是川式河鮮菜餚的關鍵風味調料，是讓菜餚獲得極為豐富的滋味與層次的關鍵，如若缺乏四川泡菜類調料，川菜將失去滋味濃、味道佳、開胃好吃的優勢。

第二篇 起一罈泡菜

起一罈好泡菜猶如擁有一個聚寶盆，源源不絕的產出酸香味醇、鮮脆爽口、色澤誘人的美味泡菜。

起一罈好泡菜除了新鮮優質的原料，更須做好泡菜鹽水、佐料、香料、泡菜罈與環境等之選擇、調製與管理，每一環節都對泡菜成品的美味與口感起著關鍵作用。

本篇從泡菜鹽水類型開始，一步步帶您認識與了解，起一罈四川泡菜的知識、工藝與技巧。

只要用心、勤快就能養出一罈滋味豐富且含有大量優質活性乳酸菌的泡菜鹽水，將食材變成酸香味醇的美味泡菜，獲得一輩子的美味回報，更可以世代傳承。

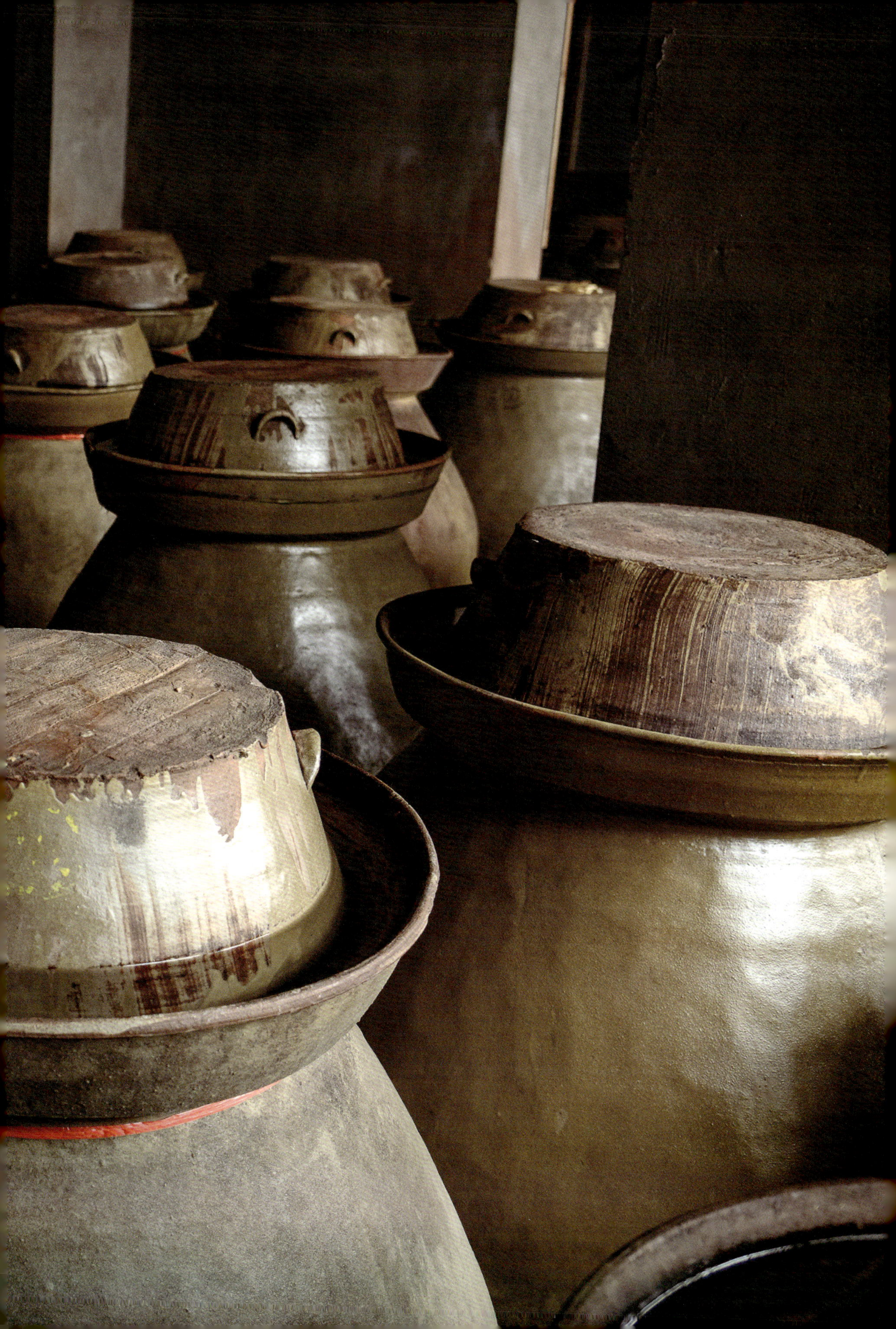

四川泡菜聞名於世的根本在於傳承千年、符合科學的泡菜工藝、泡菜罈加上川渝地區適宜的泡製環境。

起一罈泡菜的入門十分簡單，選定新鮮優質的原料，通常是當季蔬菜，價廉質優，出好胚，泡菜鹽水調入適宜的佐料和香料，將出胚原料及泡菜鹽水裝入泡菜罈，蓋上罈蓋，灌滿罈沿水，靜置於條件合適的環境中，做好靜置發酵期間的衛生管理，時間足了，就是美味爽口的四川泡菜。

按部就班起一罈泡菜

前言提到的每一環節都會對泡菜成品的美味與口感起著關鍵作用，泡製環節中鹽水的製作最為關鍵，是泡菜滋味的基礎，調製不當還可能讓泡製失敗。

四川泡菜製作，除了以川鹽作為主要佐料調製鹽水外，還需要一些常用的佐料和香料配合調製成泡菜鹽水，佐料賦予滋味變化，香料主要起增加香味、除異味、去腥味的作用。

用於製作四川泡菜的原料非常多，可分為植物性原料和動物性原料兩大類，其中經典泡菜以蔬菜類品種最多，速成型泡菜的植物性原料選擇更是包羅萬象；現代貯存設備、調料的多樣化讓泡菜方法產生更多可能性，泡菜食材的選擇範圍也就越來越廣，過去無法泡製的動物性原料也都能泡了，讓四川泡菜這一川菜奇葩真正是「萬物皆可泡」。

原料預處理及泡菜鹽水都備好後，就需要一個優質的泡菜容器，一個能為乳酸菌提供絕佳的厭氧繁殖環境，亦即具備可密封且能由內往外單向排氣的容器，傳統經典土陶泡菜罈利用簡單的物理原理就獲得這一功能，已經沿用一、二千年。

家庭製作泡菜，多使用較小泡菜罈，從風味角度，每種蔬菜獨立罈子泡，更能維持不同品種泡菜的風味特色。也可以一罈泡多種蔬菜原料，這時要用較大的泡菜罈，並考量不同蔬菜風味是否搭配及各自泡熟的時間差異。

科學技術的發展下，今日的泡菜容器有了更多的選擇，材質可選玻璃、瓷器或不鏽鋼，密封與單向排氣功能也通過新材料與技術獲得更容易運用、管理形式。

四川泡菜最大特點在於利用活酵母菌發酵獲得貯存與美味雙重效益，因為是活的，管理就是做好四川泡菜最重要的基本功。圖為泡菜基地中，管理人員正在更換罈沿水。

通過玻璃泡菜罈可觀察到泡製四川泡菜時會產生許多微小氣泡，這就是存在活性乳酸菌的重要現象，累積到一定的量就會從罈沿水處釋放出來，可觀察到的現象就是罈沿水冒泡。用玻璃泡菜罈裝活泡菜主要用於展示，正常泡製仍應使用土陶泡菜罈。

細節管理，泡菜優劣關鍵

　　四川泡菜泡製時間大多不短，因此泡製期間，泡菜罈的貯放環境要陰涼且相對恆溫，空氣流通，乳酸菌才能保持適宜的活性，成品品質才可控，特別是長年型、當年型傳統四川泡菜，泡製時間都是以月為單位，對貯放泡菜罈場地的選擇就是製作前要優先考慮的，因為當鹽水、原料都入罈後，整體重量少則數十公斤，多的超過一千公斤。

　　做泡菜最需要細心與毅力的部分是從靜置發酵開始，四川泡菜是一種「活」的泡菜，活性乳酸菌每時每刻都在對泡製的食材起作用，故而泡菜罈的管理就成了發酵過程中，最影響風味的變數，管理做得好，成品泡菜滋味好、口感佳；管理沒做好，輕則滋味、口感差，嚴重的是整罈泡菜腐敗報廢。因此，早期四川許多地方都有「選媳婦看泡菜罈」的風俗，就是看女孩子的基本持家能力。

第一章　泡菜鹽水、原料與裝罈

起一罈泡菜，從泡菜鹽水開始，鹽水的好壞優劣直接對泡菜品質的優劣起到十分重要的作用和影響。
在泡菜鹽水內，香料主要有增香、除異、去腥的作用，佐料為調味。
泡菜原料可分為植物性原料和動物性原料兩大類，傳統經典泡菜以植物性原料為主要食材，現代物資豐富，貯存條件多樣，也就出現許多動物性原料的創意使用，但局限性較大。
泡菜鹽水、泡製原料備齊後，就是裝罈，良好裝罈可使泡菜均勻而充分的發酵。
本章將一一介紹並且說明各環節的美味關鍵。

一、泡菜鹽水類型

　　川人們對泡菜鹽水很講究，配製泡菜鹽水時，過去大多選用井水或泉水為最佳水源，這兩種水富含礦物質，現代稱為「硬水」，通過經驗與總結現代研究發現，適當、微量礦物質其實可以讓泡菜成品保持脆性的時間較長。自來水場處理過的日常用水和經過淨水器純化處理後的純淨水稱為「軟水」，較適合速成型的洗澡泡菜或各種其他型泡菜，不宜用來調製需要長時間泡製的泡菜鹽水，在城市裡一般建議選用市售山泉水調製。

川南自貢及其周邊是重要的井鹽產區，也催生水煮牛肉、火邊子牛肉等地方名菜。在過去，自貢隨處可見汲鹽鹵天車與煮鹽作坊，今日則是通過輸送管路集中的鹽廠進行煉製。圖為自貢市榮縣穿城而過的榮溪河，當地人指河邊管路即是鹽鹵輸送管道。

四川泡菜鹽水的主料是鹽，鹽可對所泡的蔬菜瓜果有追出多餘水份的功效，起到保色、定型、殺菌、泡熟的作用。四川泡菜常用的食鹽，主要是產自四川自貢的「井鹽」，又名「川鹽」。川鹽蘊含的微量礦物質種類豐富，不必要的雜質含量極低，而且顆粒細小、色澤潔白，是製作泡菜最理想的食用鹽。

為了增強泡菜的脆性質感，目前市場上已有專用的泡菜鹽出售，此種泡菜專用鹽，是在井鹽中加入適量的鈣鹽，使泡菜脆性增加、提高泡菜品質，也是一種現代泡菜用鹽不錯的選擇。

製作四川泡菜的鹽水可分為六種類型，分別對應不同的工藝流程，介紹如下。

出胚鹽水

出胚鹽水調製簡單，只需清水加鹽，清水和鹽的基本配比為4：1，即清水4000克則加鹽1000克，充分攪拌至鹽完全溶解即成，出胚鹽水一般不重複利用，屬於消耗性的鹽水。

多數蔬果食材在洗滌、去皮或改刀等加工後，進行裝罐前，要先泡入出胚鹽水進行「出胚」（就是打一道底子），是食材入罐泡製前預泡的頭道鹽水，因此出胚又稱之為「泡頭道」。

另有乾式出胚的作法，即蔬菜食材並非以出胚鹽水進行出胚，而是採直接將鹽撒在蔬菜上，適度擠壓或輕柔使鹽份滲入食材而追出多餘水份的做法。這種做法相對粗糙，鹽味分佈容易不均勻導致出胚效果較不穩定，大多做為權宜之計。

蔬菜原料進行出胚的目的有三，一是利用鹽水鈉離子的滲透作用，追出蔬菜所含的過多水份並滲透部分鹽味，以免裝罐後因食材吸收鹽份，加上過多水份釋出造成鹽水濃度快速降低，進而影響泡菜的滋味與口感品質。

其次是出胚鹽水濃度已具備一定的殺菌效果，經過出胚能殺滅蔬果食材上附著的多數雜菌，大幅降低因雜菌汙染導致泡菜鹽水敗壞的機率。

三是利於泡菜的定色、保色，一般自有顏色較濃郁的食材在泡製過程中，因會釋出色素，通過出胚，鹽份可讓原料的部分天然色素穩定，水份可褪掉容易溶於水的色素，就能起到保色、定色的效果，同時避免正式泡製時，泡菜鹽

鹽水出胚。　　乾式出胚。

小知識@居然如此

四川泡菜安心吃

亞硝酸鹽是泡菜發酵過程中天然且必然產生的物質，總量多寡受原料、發酵工藝、發酵時間等多種因素影響，發酵過程中，亞硝酸鹽的量是不斷變動的，一般是先高後低、最後趨於穩定的變化過程。

四川泡菜發酵所依賴的乳酸菌群中，就有部分菌種具備較強的降解亞硝酸鹽的能力，因此正確泡製並發酵完成之泡菜成品，其亞硝酸鹽含量都會降低至安全範圍內。

經研究驗證後發現，採用老泡菜鹽水或調製的泡菜鹽水來泡製各種蔬菜類食材，都能讓亞硝酸鹽更快的降到安全範圍內。

正確泡製並發酵完成的四川泡菜就是安全食品，可以安心吃。

（參考文獻：《泡菜生產技術》，謝娜娜、趙莉君編著）

四川人最愛的二泡，一是泡菜，二是泡茶館，成都更曾經是一街一巷一茶館。圖為成都人民公園鶴鳴茶館風情。

水被釋出的色素污染，特別是綠色蔬菜原料，多有較濃的綠色素。

出胚鹽水在出胚時間短且用於同類品種蔬菜的情形下可重複利用，但每次再利用前應確認鹽水濃度，按比例加入鹽以保持鹽水的濃度是正確的。以往多憑經驗判斷鹽水濃度，現在可購買鹽度計測量，依據出胚鹽水的 4 水 1 鹽的配比濃度當做控制指標。

若是質地、品種差異較大的蔬菜，通常需要的出胚時間不同，應單獨調製出胚鹽水，分開出胚，才能確保出胚效果。若是質地、品種差異較大的蔬菜，通常需要的出胚時間不同，應單獨調製出胚鹽水，分開出胚，才能確保出胚效果。

新鹽水

新鹽水又名基礎鹽水，主要用於調製新老泡菜鹽水、新泡菜鹽水、洗澡泡菜鹽水，新鹽水的水和鹽基本比例與出胚鹽水一樣，都是 4：1，即水 4000 克加鹽 1000 克。

清亮的老泡菜鹽水，又名母子鹽水，眉山一代習慣稱做老母水。

水質不佳對各種類型的泡菜影響可大可小，輕則令成品泡菜口感不佳，嚴重的可能整罐泡菜泡製失敗，因此調製新鹽水的水質要求較高，一般使用山泉水、純淨水或涼開水，目的就是讓水質問題影響泡菜效果的變數減到最少。

老泡菜鹽水

指連續泡製泡菜一年以上的泡菜鹽水。這種鹽水主要用於接種，因此又稱「母子鹽水」、「老母水」、「老鹽水」。

這種泡菜鹽水主要是泡一些長年型或當年型泡菜的泡菜鹽水，如辣椒、陳年酸菜、酸蘿蔔等，若是單純養老泡菜鹽水，除定期換新原料外，可再加入蒜苗稈、香料等增添風味的食材、輔料，使其鹽水色、香、味俱佳。

新老泡菜鹽水

又名新老混合鹽水，簡稱新老鹽水，主要用於起新的長年型或當年型泡菜，調製方式為新鹽水和老泡菜鹽水各占比 50% 混合即成。這種新老泡菜鹽水所泡製的泡菜，其色、味、形均佳，並一定程度上傳承接種的老泡菜鹽水風味特點。

若沒有老泡菜鹽水，就要讓全新調製的泡菜鹽水多泡幾次泡菜，經過多次充分發酵與風味積累，慢慢的，鹽水口味就變得比較純正、乳酸味濃厚，就成為老泡菜鹽水。詳見 P065，教您如何從零開始養出一罐老泡菜鹽水。

新泡菜鹽水

　　是指新配製的泡菜鹽水，主要用於泡新的長年型或速成型泡菜，調製方式為取調製好的新鹽水，再另加入新鹽水總重 20～30% 的老泡菜鹽水，既是調味也可加快泡熟的速度，佐料、香料則根據所泡製的食材、蔬菜酌情添加。

洗澡泡菜鹽水

　　是指經短時間泡製即食或是邊泡邊吃的泡菜鹽水，這種鹽水製作相對簡單、隨意。一般以新鹽水摻和 20～30% 的老泡菜鹽水調和接種味道較佳，再根據實際情況、口味需求酌情添加調味佐料和香料。

　　若沒有老泡菜鹽水，也可使用市售常溫包裝泡菜的鹽水湯汁替代，最常用的是泡小米辣椒（即泡野山椒）的鹽水湯汁，若都沒有，可以直接鹽水加醋調味泡製，但滋味沒有加老泡菜鹽水來得醇香。

二、泡菜鹽水的佐料與香料

　　四川泡菜製作除了以食鹽作為主要佐料，還以一些常用的佐料和香料配合調製成泡菜鹽水。佐料、香料與泡菜鹽水的比例，一般視具體情況可靈活掌握。

佐料

　　泡菜鹽水佐料主要有：白酒、料酒、紅糖、醪糟、乾辣椒、甘蔗、乾花椒。一般比例參見表一。

　　白酒、料酒及醪糟汁：在泡製泡菜鹽水中起滲透鹽味，保嫩脆以及殺菌等作用。使用醪糟時要注意，只能用其汁水。

　　甘蔗：能吸附泡菜鹽水異味，並有預防泡菜鹽水變質的作用。當泡菜鹽水產生喝風、生花的變質現象時，在初期階段可酌情添加幾節甘蔗，便能迅速的抑制變質，同時還能調整鹽水的風味。

　　紅糖：主要對泡製食材具有增色、上色的作用，也有調味作用；紅糖在使用時最好先切細碎、用鹽水溶化後再添加入罐中，若沒有紅糖或是為保證泡菜食材原色的特殊情況，也可用飴糖（麥芽糖）、白糖代替。

　　乾辣椒、乾花椒：有調和諸味、提鮮味、增辛辣等作用。

　　建議添加量為長期經驗累積得出的每一佐料的合理添加量，當額外添加多種佐料時，應充分考量風味特色與滋味平衡，適度增減，有經驗後也可按個人偏好增減。

香料

　　香料在泡菜鹽水內，主要起增加香味、除異味、去腥味的作用，調製泡菜鹽水常用的香料有八角、花椒、排草、草果、白芷、白菌（乾蘑菇）、胡椒、山柰等。一般比例參見表二。

　　要注意的是胡椒、山柰僅在一些特殊情況下使用。胡椒用在泡魚辣椒內除腥味；山柰只在為了保持泡菜顏色而不適合使用八角、草果時使用，一般使用量只需八角的 1/2 用量。

　　另外也留意使用香料時，有些容易夾帶沙塵的應先洗淨，特別是排草，過長的一律切成 3 公分的段，並用紗布袋包成香料包後入罐，香料如果不用紗布袋包起來的話會有以下問題，一是細碎香料容易附著在泡菜上面，讓撈泡菜變得不方便，或有香料渣裹在泡菜中不利於使用；二是香料在泡菜取出過程中被帶離泡菜罐，鹽水風味容易變得不穩定；三是影響泡菜鹽水的清澈度。

三、常用植物性原料

四川泡菜原料可分為植物性原料和動物性原料兩大類。經典傳統四川泡菜以植物性原料為主要泡菜食材，而動物性原料在選用上，多用於現代四川泡菜，一般有使用的局限性，只適合一些膠質重、膠原蛋白質豐富的葷食材。

川渝人家用於製作泡菜的原料非常多樣，特別是蔬菜類品種，可以說「無蔬不泡、無菜不漬」，包羅萬象的時蔬瓜果，都能泡漬成美味泡菜。

植物性原料類指蔬菜瓜果類，根據食用部位的不同和結構特點，可分為葉菜類、根莖類、瓜果菜類、花椰類、豆類及其它類等六大類型。

香料包的製作

將乾淨的八角 5 克、草果 5 克、花椒 5 克、白芷 50 克、排草 5 克，裝入乾淨紗布袋，綁緊袋口即成；也可將香料用水沖洗後再裝袋。

表一：佐料與泡菜鹽水的一般比例

泡菜鹽水	常用佐料	白酒	料酒	紅糖	醪糟汁	乾辣椒	乾花椒
每 5000 克	建議添加量	50 克	150 克	150 克	100 克	100 克	5 克

表二：香料與泡菜鹽水的一般比例

泡菜鹽水	常用香料	八角	草果	花椒	白芷	排草
每 5000 克	建議添加量	5 克	5 克	5 克	50 克	5 克

在川渝地區菜市場的乾雜店多能一次買齊各種香辛料，若是像照片中漢源貢椒產地的菜市場，更能直接買到農民自家種的地道貢椒，以及多種特色食材、中藥材。

Preparing
paocai

1. 葉菜類

指以菜葉或菜柄為食用部位的蔬菜類。如：大白菜、青菜、蓮花白（高麗菜）等。選用這類蔬菜做泡菜時，應以質地新鮮、水份充足、無蟲咬斑點、無腐爛者為佳。已出現乾、縮、枯、萎、敗色及帶蟲點等情形的不宜選用。

川渝地區老品種青菜（大芥菜）。

2. 根莖類

指以莖稈為食用部位的蔬菜類。莖類蔬菜主要有萵筍、芹菜、苤藍、蒜薹、洋薑、仔薑、蓮藕等品種，選用標準以嫩脆、表皮光亮、滑潤不乾縮者為佳。而根類蔬菜有蘿蔔、青菜頭、胡蘿蔔、芋頭等，選用標準以色澤鮮豔、飽滿、緊實、不皺皮、無腐爛和蟲咬傷痕為優質。

3. 瓜果類

指以蔬菜植物的果實部位作為食用部位的蔬菜類，分瓜果和茄果兩種。瓜果主要有冬瓜、南瓜、黃瓜、苦瓜、土耳瓜（佛手瓜的四川俗名）、地瓜（涼薯、豆薯的四川俗名）等；茄果有辣椒、茄子等。果實類蔬菜的選用標準均以質地成熟、色澤鮮豔、無損傷和具有本身應有的自然香味者為佳。

4. 花椰菜類

花椰菜類的蔬菜品種不多，可供泡製的主要有西藍花（青花菜）、白花菜（花椰菜）。選用標準均以質地新鮮、色澤正常、水份充足、無爛痕、無斑點、無蟲咬為佳。變色萎蔫的為次品。現在農產貿易發達，在市場上還有紫色、綠色、橘色和黃色的花椰菜，也都可泡成四川泡菜。

5. 豆類

指豆類以及豆製品等。可用於泡製的主要有豇豆、四季豆、峨眉豆、刀豆、豌豆、蠶豆、黃豆、雪豆以及黃豆芽、綠豆芽等，以選用質地脆嫩、色澤正常、光澤亮、無蟲咬為優品。

6. 其他類

指一些竹筍、乾果、花生、水果等。

竹筍應選用時令季節所產的各種鮮竹筍，如春季選用春筍、夏季選用苦筍（四川的筍品種，不是出青發苦的筍）、秋冬季選用冬筍類作泡菜的食材。

泡花生主要選用各種生花生仁，常泡製成

糖醋汁泡菜或酸辣味泡菜，應選用大小均勻、色澤正常、顆粒飽滿的生花生為優，有蟲咬、黴變者勿選用。

板栗選用個頭飽滿、色澤淡黃、無蟲咬、黴變者為優。

水果類主要指個別適用於泡製的水果，如：蘋果、鳳梨、梨子、李子、柚子、慈菇等水果。選用成熟、緊實、色好的為佳，腐爛變軟、色澤暗淡的均不宜用作泡製。

小知識@莅然如此

四川泡菜，健康美味兼具

四川泡菜雖是千百年來，人們為貯存蔬菜而發明的一種加工食物，但四川泡菜卻能保存蔬菜中大部分營養成份。比如蔬菜瓜果中的維生素 A、維生素 B1、B2，維生素 C 等，以及胡蘿蔔素、辣椒素、纖維素、蛋白質、鈣、鐵、磷等營養成份。加上泡菜在泡製過程中微生物發酵產生的大量乳酸菌及多種營養成份，如發酵的有機酸具有生物催化功能的蛋白酶，能增加維生素 B 族、葉酸的數量以及合成的維生素 B1、維生素 K 等營養素，還含有大量具有活性的乳酸菌類對人體有益的菌種，使四川泡菜猶如天然活性的「微生態製劑」。

因此傳統工藝泡製的四川泡菜已被認可為健康的乳酸菌發酵食品，能促進人體胃腸內微生物菌群的平衡與蛋白質分解酶的分泌，使人增進食慾並幫助消化，維持消化系統的健康，用於調味的辣椒、薑、蒜所含的獨特成份，也都有助於人體腸胃道微生物分佈趨於正常化。

(參考文獻：《泡菜生產技術》，謝娜娜、趙莉君編著；《泡菜微生物學》，陳功編著)

四、常用動物性原料

當代餐飲利用泡菜方法製作美食的使用範圍越來越廣，除了常見的蔬果原料能擠成美味泡菜外，一些動物性原料也擠進了四川泡菜的產業中，豐富了四川泡菜的品類，打開四川泡菜的全新味蕾經驗與市場機會。

可用於泡製泡菜的動物性原料主要是含膠原蛋白較豐富、油脂含量低的一些動物性食材，如：雞爪、鴨掌、豬尾、豬耳、豬蹄、豬肘等食材原料。選用這類原料必須是新鮮、無異味、無變質的為佳。

部分家禽家畜的內臟可用於泡製成特色泡菜，如：豬心、豬舌、黃喉、雞胗、鴨胗、鴨舌等，均以新鮮色正、無異味變質者為優。還可選用雞等禽類來泡製，應以無嗆血、皮光澤度好，潔淨無異味為佳。

海河鮮原料則有鯽魚、帶魚、海螺、鮮鮑魚、魚翅、章魚、魷魚等等，都應選擇新鮮、無異味，肉質緊實的為佳。

動物性食材泡製前多需煮熟、燙熟或炸熟後再泡製，泡製時間一般較短，入味即成。其中較特殊的是用於泡魚辣子的鯽魚必須是鮮活的，需用清水或淘米水餓養2～3天，使鯽魚自然吐出或循環出污泥、污水換肚後，再入罈進行泡製。

五、泡菜裝罈方法

起一罈新泡菜裝罈前應做好的準備與注意事項：

1. 配好足量的泡菜鹽水。
2. 將泡菜罈內外洗乾淨，倒入適量的高度白酒到罈內，用乾淨棉布沾白酒後將罈內擦拭一遍以滅菌，多餘的白酒倒掉，確保罈內外的清潔與衛生。
3. 所需佐料放入泡菜鹽水，充分攪勻，如果有用紅糖，務必讓紅糖在泡菜鹽水中充分溶化才能加入罈中。
4. 原材料入罈有次序，裝罈時不宜過緊的重壓、灌裝太滿，留足鹽水熱脹冷縮的空間餘地。
5. 泡菜鹽水在泡製的全程都必須淹過原材料，避免原材料暴露空氣中而氧化變質或腐敗。
6. 經常開罈檢查泡菜的發酵程度，發現問題及時糾正。

做好準備並做好泡菜罈管理計畫後，需要掌握的環節就是四川泡菜的原料裝罈方式，不同類型原料會因大小、外形或是否中空而需採用不同的裝罈方式，以確保達到最佳泡製效果，主要分為乾裝罈、間隔裝罈、鹽水裝罈三種形式。

乾裝罈

某些蔬菜，因自身浮力較大或中空，泡製的貯存時間較長，又不經常取用，就適合用於乾裝罈，如：泡辣椒類。

具體方法：

泡菜罈洗淨後抹乾水份，將所泡製的原

裝罈前應先取優質老泡菜鹽水（左圖），以便調製優質、合適的泡菜鹽水（右3圖）。

料裝至半罈高度，放入香料包，接著裝至罈子的八成滿，用竹箅片卡緊或用青石壓緊罈內原料，灌入拌勻佐料的泡菜鹽水到罈中，確認淹過原材料，最後罈沿加滿清水，蓋上罈蓋即可。

間隔裝罈

有些泡製原料容易一壓緊就緊貼一起，出現發酵、入味不均勻的現象，如：泡豇豆、泡蒜薹等，這時就需要採用間隔裝罈方法，使佐料充分為泡菜所吸收，以提高泡菜成品的品質。步驟圖是利用玻璃罈示意，並以不同食材來呈現間隔裝罈的狀態。

具體方法：

泡菜罈洗淨後抹乾水份，採一層原料，一層不可溶解的佐料（如乾辣椒、乾花椒）間隔裝至半罈，放入香料包，再繼續一層原料，一層不可溶解的佐料裝至九成滿，用竹箅片卡緊或用青石壓緊罈內原料，其餘佐料入泡菜鹽水中攪拌均勻灌入罈中，確認淹過原材料，再將罈沿加滿清水，蓋上罈蓋。這種裝罈方式也適合泡製量較大的各種長年型和當年型泡菜。

鹽水裝罈

適合根、莖類的泡菜原料，如：蘿蔔、薑頭、大蒜等。這類原料能自行沉入罈底，可以直接先將調製好的泡菜鹽水倒入泡菜罈內再裝入要泡製的食材。步驟圖是利用玻璃罈示意、呈現鹽水裝罈的方法。

具體方法：

泡菜罈洗淨後抹乾水份，將所需泡菜鹽水及佐料裝入泡菜罈內充分攪勻，再放入泡製的原材料，裝至半罈後放入香料包，繼續裝至罈子的九成滿，確認泡菜鹽水的量淹過原材料，再將罈沿加滿清水，蓋上罈蓋。

間隔裝罈

鹽水裝罈

第二章　泡菜器具與泡菜罈管理

四川泡菜之所以聞名於世，其根本在於傳承千年、符合科學的泡菜罈，加上適宜的泡製環境及它獨特的泡菜方法。

科學技術的發展下，今日的泡菜容器除了經典土陶泡菜罈外，從材質到形式都有了更多的選擇。對的泡菜容器可為泡菜水中的乳酸菌提供一個絕佳的繁殖環境，亦即具備可密封且能由內往外單向排氣的容器，是起一罈優質泡菜水的重要基礎。

靜置泡製期間的貯放空間必須是陰涼恆溫、空氣流通的環境，確保乳酸菌在適宜的溫度下保持適宜的活性。

選擇合適的泡製容器（主要指泡菜罈）與泡製期間的存貯場地，是非常重要的變數控制環節，更是做出美味、道地的四川泡菜的關鍵，以下介紹常見泡菜器具及其選擇方式，還有優質貯放空間應具備的條件及其影響。

一、泡菜罈與器具

泡菜罈是製作四川泡菜必不可少的容器，經典的四川泡菜罈是用陶土燒製而成。罈子由罈蓋與呈橢圓形罈身組成，罈身包含罈口、罈沿二個功能設計。。

一般來講，家庭製作泡菜，宜選用較小泡菜罈，一個罈子泡一種蔬菜，有利於維持不同泡菜品種的各自風味，若想一罈泡多種蔬菜原料，可以選用較大罈子，但要注意不同蔬菜原料的風味搭配與各自泡製時間的控制。

川渝地區較大規模的泡菜罈銷售店家多在城市市郊，容量從家用 3、5 公升到 1、2 百公升的泡菜罈都有，一般容量達 300 公升或以上的則要到陶器廠訂製。圖為成都市彭州桂花鎮一家陶器批發公司的陳列場。

經典泡菜罈

泡菜罈子中間大、上下二端小的設計很科學，上端小可減少接觸空氣面積，降低雜菌污染機率，同時容易形成穩定的厭氧環境；下端小可讓沉澱物集中，利於泡菜水的管理維護，若是較大的罈子則容易將罈子半埋於土地中，讓罈中溫度相對較低且穩定，有利於提升泡菜品質；罈的中間大則確保有足夠的容量。

罈蓋加上罈口周圍罈沿的設計，加蓋後摻水入罈沿，可以密閉隔絕外界空氣進入罈內，兼顧開啟方便的同時防止外界生水入侵罈內，避免靜置發酵過程中污染，利於泡菜罈內形成厭氧狀態，讓好的乳酸菌種充分繁殖生長，食材、調味料得到充分發酵、分解和滲透，使泡菜成品入味並產生酸醇滋味與香味。

1. 罈蓋
2. 罈口
3. 罈沿
4. 罈身

今日川菜地區隨處可見的經典泡菜罈，在各大博物館都能見到外型與特點一致的泡菜罈，經考證，歷史最悠久的是漢代的，魏晉南北朝之後的古泡菜罈，基本與今日使用的經典四川泡菜罈，從外型到功能幾乎沒有差異，是傳承二千年、功能完備、造型成熟的泡菜器具。

選擇泡菜罈，一般應選火候燒得老（燒透）、釉色均勻、無裂紋、無沙眼、形態美的

為佳,川渝的主要產區有:四川的成都市彭州桂花場(桂花鎮)的桂花罈,內江市隆昌的下河罈,還有自貢市榮縣以及重慶市的隆昌區都是重要產區,這些產區不只生產泡菜罈子,也生產各種缸、罈及精美的陶藝作品。泡菜罈子的大小規格不一,形狀也較多,最小的泡菜罈子只容納幾百克食材,大的泡菜罈可以泡製幾百公斤,最大的甚至可以一次泡入一噸以上的泡菜。

泡菜罈的測試與選購技巧

泡製速成的洗澡泡菜之類的泡菜,可以選用玻璃罈子或其他玻璃器皿、陶瓷器皿,隨泡隨食用,因泡製時間短,風味主要來自調製的泡菜水滋味,幾乎沒有發酵過程,對容器要求較低,一時找不到合適的容器,用湯盆、湯鍋泡製,然後用保鮮膜封好也行,確認泡菜容器符合乾淨衛生、可適度密閉的要求即可。

當製作需要長時間發酵泡製的泡菜類型時,泡菜罈品質好壞與功能性要求就明確且嚴謹,因泡菜罈品質對多數經典四川泡菜有直接的影響,最常見的問題是泡菜罈有沙眼、裂紋等瑕疵,多會造成泡菜水滲漏或造成漏氣,導致泡製過程中無法形成厭氧的發酵環境,而容易滋生腐敗雜菌,環境雜菌也更容易侵入罈中,最終造成整罈泡菜壞掉。

因此可以說,做好四川泡菜的首要工作,就是謹慎挑選、嚴格檢驗所選購的泡菜罈子,以下是川渝地區通過長期的經驗累積後,歸納出幾種常用的泡菜罈品質檢驗方法:

◆約水法

適用於小型泡菜罈,重點測試罈身品質,可測試出罈身有無沙眼、裂紋等瑕疵。

測試操作方法:

1. 將罈子內側完全擦乾。
2. 將罈子直立、壓入水內,直至罈外水位達罈口位置,此時避免水經由罈口流入罈中,維持此狀態約 2～3 分鐘。
3. 查看罈子內壁有無滲水,若有滲水的跡象就是瑕疵廢品。

◆吸水法

主要測試泡菜罈的罈沿及罈蓋部位有無因微小瑕疵造成的漏氣問題,對罈身也有測試效果,大小型泡菜罈都適用,燒燃的紙張量應依罈子大小增減。

測試操作方法:

1. 將罈沿摻入清水。
2. 將草紙、紙張或合適的易燃物點燃後放入罈內,隨即蓋上罈蓋後觀察。
3. 能把罈沿水吸乾的泡菜罈品質較佳,即水從罈沿被吸入罈蓋內側或罈內,反之則是次品。

通常容量超過 100 公升的土陶泡菜罈就需要手工製作,從塑形、風乾、上釉到燒製都依賴工匠們高超手藝與工藝。圖為四川榮縣專做土陶罈的榮興土陶廠製作泡菜罈的工藝實況,廠區空地上則堆滿了以灌模方式製作泡菜罈坯體的家用小泡菜罈成品。

◆ 灌水法

適用於中小型泡菜罈，重點測試罈身品質，可測試出罈身有無沙眼、裂紋等瑕疵。

測試操作方法：

1. 將罈子內及罈沿用清水灌滿。
2. 將罈子靜置 24 小時後，檢查罈外有無滲水痕跡、水位有無明顯的下降。
3. 如罈外無滲水痕跡、水位保持不變則是好罈子。
4. 罈外有滲水痕跡、水位明顯下降則是次品或廢品，不建議使用。

◆ 聽聲法

彈擊、敲打罈子外壁，聽罈子內的響聲，此法多作為初選的參考，建議搭配其他方法做確認。

測試操作方法：

1. 用手指彈敲或小石頭等硬物輕敲罈身，耳朵靠近罈口聽敲擊的聲音。
2. 分別陸續敲擊罈身一圈的不同位置，罈內響聲清脆悅耳且音感一致則是好罈。
3. 彈敲罈身不同位置，響聲的清脆感或音感明顯不同的，多是罈身結構不佳，雖無裂紋卻多半不耐用，是次品罈子。
4. 若是出現砂響、破響聲，表示罈子有明顯砂眼或裂損，就是不能用的廢品。

使用符合要求的泡菜罈，才能泡出品質較佳的泡菜並養出較佳的泡菜鹽水。但也有極少數出現測試過罈子沒問題，亦非管理不善，仍造成泡菜腐爛、鹽水壞掉等現象，這種情況發生的原因，多數是因為燒製泡菜罈子時，火候較嫩導致泡菜罈沒有燒透造成，特別是罈子底部。現在資源充足，遇到這種燒製瑕疵的罈子，建議直接換一個新的。在過去物資匱乏的時代，都會採取土方法來解決泡菜罈沒燒透的問題，具體做法是將這種罈子清空，倒扣在通風乾燥處幾天後翻正，放入適量且燒得火紅的木炭，將罈口虛掩，待木炭燒完且罈子降溫後，倒出木炭灰燼，清洗乾淨即可再使用。

在川渝地區的地方小餐館多會自己做泡菜、醬菜在自家餐館使用，每家滋味都有自己的特點，運氣好還能遇到令人難忘的美味。圖為典型的地方小餐館泡菜間。

新型泡菜罈與其他泡製容器

現代玻璃工藝的普及，促使許多小型泡菜罈選用玻璃製作，另一方面是受玻璃工藝限制，容量一般只做到 10 公升，再大，製作難度陡升。

玻璃泡菜罈最大優點是罈內狀態透明可見，主要用於泡製洗澡泡菜和速成型泡菜，做好管理十分賞心悅目，可當做餐飲或居家空間的裝飾；缺點就是透光，光線強弱變化會牽動乳酸菌活力高低，將導致依賴發酵形成風味的當年型與長年型泡菜成品品質十分不穩定，這也是為何玻璃泡菜罈多用於泡製發酵依賴度低之速成型泡菜的主因。

現在還有一些泡菜罈是採用食品級塑膠材料製作，增加一個不易破裂的優點，其他優缺點與玻璃製罈子基本一致，因此使用上也都局限在家庭場景。

泡菜罈最大的變革，就是由內向外單向透氣的單向閥技術的出現，讓泡菜罈不再需要更換罈沿水的管理工作，這類泡菜罈的外型也脫離經典的上下小、中間廣、帶罈沿的樣貌，目

前多是直筒狀，考量單向閥罈蓋的氣密性，罈身材料多是玻璃、不鏽鋼或塑料等利於精密生產的材料，造型上可以更加現代，目前多是家庭用。

單向閥泡菜罈的優點是管理輕鬆，十分適合家庭使用，唯需注意的是使用一段時間後，務必檢查單向排氣閥有無堵住，或因老化、受損而產生空氣雙向流動的問題，若是堵住，可能因罈內壓力過大導致爆裂，若是老化使得空氣雙向流動，則無法形成厭氧環境，就容易孳生壞菌或被雜菌污染，導致整罈泡菜敗壞。

除使用泡菜罐子做泡菜外，多數速成型泡菜、其他型泡菜（如醋泡、糖泡等），如：洗澡泡菜、醋泡泡菜等時間短、發酵要求較低或不需發酵的泡菜類型，都可以選用不銹鋼盆、不鏽鋼湯桶、搪瓷盆、玻璃罐、瓦缽等容器泡製泡菜。此類器皿的密封效果多數不佳，密封性好的則缺少單向排氣功能，製作會發酵的泡菜時要注意管理。

玻璃泡菜罈的使用場景以家常的洗澡泡菜為主，另就是餐館、酒樓或食品行業用於裝飾或展示，彰顯泡菜風情或產品。

壓制器具

壓制器具的使用目的是將泡菜罈中的食材全壓入泡菜鹽水中，因暴露在空氣中容易生花或敗壞。

傳統壓制器具主要有竹篾片與青石，都是過去農業為主的環境中最容易取得的工具，現在則有為製作泡菜專門設計的塑料壓網，使用便捷也易於清洗；另可選用竹編篾子，一種竹編的網狀器具，但不適合重複利用。

形式多樣的單向閥泡菜罈讓泡菜製作更輕鬆。

現代工藝與材料進步讓泡菜壓制器具的選擇更多樣。

二、泡菜罈衛生管理

泡菜罈的管理主要有二大關鍵，首先是泡菜罈的貯放環境，選一個合適的貯放環境是首要工作，因環境狀態較難人為控制，或控制成本高，合適的環境可以提供發酵泡製過程中相對穩定且適宜的溫度，讓泡菜成品品質更穩定；其次就是日常衛生管理，因為四川泡菜是活的，泡製過程中從罈沿水、泡菜鹽水到鹽水中負責發酵的活性乳酸菌，都是動態變化，日常衛生管理相當於整罈泡菜的健康管理，排除潛在的各種污染問題，維持泡菜鹽水在最佳的滋味與發酵狀態。

成都崇州街子古鎮著名的「活埋泡菜」，就是將泡菜罈完全埋入地裡，只留罈口，加上樹林遮蔭，目的就是為了相對穩定的溫度，當地製作豆腐乳的陶缸也是採用埋入土中的方式。

泡菜罈的貯放環境

溫度對泡菜的泡製效果有直接的影響，環境溫度過高，就容易生出雜菌導致腐敗；環境溫度過低，優質菌種活力下降或停滯，導致泡製時間過長，影響成品品質；環境溫度大幅變動，則令發酵泡製過程產生大量變數，並可能生出大量雜菌，導致泡製成品的效果不穩定或敗壞。

因此，泡菜場地的選擇、設置是泡製優質四川泡菜的先決條件之一，特別是長年型、當年型的經典傳統泡菜，優質合適的泡菜場地都需具備有良好的空氣流通，適宜的乾濕度、地勢等環境條件，才能有穩定的溫濕度，同時利於泡菜鹽水的管理與呵護。

為保證泡菜正常發酵泡製，泡菜罈的放置環境，最忌諱陽光直射或溫度容易升高的密閉空間或是火爐旁等位置。

最理想的場地是能將泡菜罈掩埋一半在泥土之中、不積水的陰涼通風處，雖是土辦法，

泡菜罈的貯放環境應位於陰涼處且溫度相對穩定的地方，許多食品餐飲的泡菜基地都設於市郊，四川省的泡菜產業目前集中於眉山市。圖為眉山市現代農村及農業產業園風情。

卻能為泡菜帶來接地氣、保濕、恆溫的理想發酵條件，十分經濟且效果勝過多數設計簡單的「空調環境」。

製作四川泡菜的泡菜間（專用泡菜空間）要求光線明亮、乾淨通風，但不能被太陽光直射，室內水泥地面應當高於室外 30 公分左右，門窗有防蠅、防塵設備，下面有通氣孔，泡菜罈不能緊靠室內牆壁，應順門排列成行，四周留下穿行距離，以便於泡菜罈的養護工作，隨時保持清潔衛生，以川渝說法，就是要做到室內「上無蜘蛛，下無積水污物」。只有通過管理，經常調節泡菜鹽水溫度，控制其熱脹冷縮的幅度，才能保證泡菜鹽水的品質不變。

日常衛生管理

管理好泡菜鹽水，對於保證四川泡菜的色、香、味俱佳作用十分重大。反之，管理不當，養護不到位，泡菜就會因鹽水變差而變質，發生病態的冒泡、鹽水渾濁、生黴花、生蛆蟲、鹽水明顯漲縮等情況，所以必須對鹽水的管理養護保持高度的重視和積極預防。

泡菜罈日常衛生管理重點主要有以下幾個方面：

1. 泡菜罈應置於陰涼通風的專用場地，不能存

稍具規模的泡菜基地都有專人定時檢查管理泡菜罈。

撈取泡菜的器具使用前要清潔乾淨並晾乾。

放於會長時間暴曬到陽光的露天環境。

2. 泡菜罈應安排專人管理，定時檢查罈內的鹽水鹽度及泡製食材表面的變化狀況，發現問題及時處理，通常可在更換罈沿水時順便檢查，日常取用泡菜時也可順便確認。

3. 泡菜所用的原料、容器及加工器具應洗淨，以免帶入有害雜菌污染鹽水。

4. 揭蓋時要小心注意，勿把生水滴入或帶入罈內，以免導致鹽水變質。

5. 取泡菜前應將手或竹筷清洗消毒、去污、去油，以免鹽水受污染，導致混濁或滋生蛆蟲。

6. 罈沿水可隔絕外界空氣與泡菜接觸，形成厭氧環境，必須經常更換並保持清澈、乾淨、滿沿狀態。疏於管理與更換罈沿水會造成罈沿水敗壞、孳生雜菌，侵入泡菜罈中而影響泡菜品質；若出現罈沿水不足情況，還會讓外界帶氧氣的空氣進入罈中，促使雜菌孳生，因此罈沿缺水時間長了易導致泡菜腐爛變質。

7. 長時間泡製貯存過程中，每 15 天左右應使用乾淨長杓或適當的器具，將泡菜罈中上方的泡菜原料翻到下方、下方原料翻到上方一次，目的是讓泡菜鹽水均勻、充分的融合、滲透在泡製的原料中，以免泡菜鹽水長時間處於靜止狀態下，鹽份及多種風味、發酵物質產生沉澱或分層現象，影響泡菜成品的風味及口感。

泡製過程中，須定時換洗罈沿水，冬天每周至少1次，夏天每周至少3次。

8. 泡製過程中，冬天需每周換洗罈沿水至少1次，夏天需每周換洗罈沿水至少3次，以避免罈沿水髒污或長蟲而影響罈內衛生，換洗罈沿水的同時應順便將罈蓋、罈身擦洗乾淨。在冬夏均溫較高的地區，每周換洗罈沿水次數應適度增加。

9. 冬夏二季要注意環境溫度，夏季時，泡菜罈環境溫度高了，就要通過澆水或其他方式降溫，避免罈內溫度過高，導致雜菌繁殖速度大增，無法被乳酸益菌抑制，鹽水容易變質。到了冬季，要避免環境溫度低於2°C，溫度過低則發酵的主力乳酸益菌活力降低或進入冬眠狀態，發酵停滯；要避免泡製環境出現是0°C以下的溫度，高機率出現結冰現象而將泡菜罈內的原料凍壞，最終影響整罈泡菜品質。出現溫度過低時必須採取保溫措施，或是將泡菜罈移到環境溫度高於2°C的位置貯放。

10. 可重複使用的各種類型鹽水，一時不泡製泡菜時，應酌情添加佐料、香料或食材養護。泡不同食材的泡菜鹽水不能隨意混裝，以免降低品質。

三、出胚與日常養護管理

泡菜的出胚與後續的泡菜鹽水的養護管理有高度關聯性，通過經驗總結出以下管理環節要點，每一環節互為制約又相輔相成，在泡菜管理中，應切實運用、認真掌握、融會貫通，才能達到泡菜製作的理想效果來。

蔬菜質地與出胚鹹度

由於四川泡菜所泡製的蔬菜種類繁多，質地不同，恰當掌握其出胚鹹度，對泡菜品質影響較大。比如：青筍、卷心白、蓮花白之類，質地脆、本味較鮮嫩、鹽易滲透、出胚時一般鹹度宜低一些。又如：泡辣椒、芋艿、藠頭、大蒜等質地較老，受鹽滲透緩慢、貯存較久，出胚時鹹度宜高一些。

蔬菜質地與出胚時間的掌握

由於四季蔬菜有：瓜、豆、莖、葉、根、藤之類。又有體積大小、水份輕重、質地老嫩、本味濃淡等差別。因此出胚中保持鹽味對蔬菜的滲透是一個重要的因素。另外，有的蔬菜還要注意清除澀水、過濃氣味和保色、保鮮味等，要達到這些目的，只靠出胚鹽水的鹹度恰當尚不夠，還需要比較正確地掌握出胚時間來加以控制。

不同蔬菜瓜果出胚的時間（預處理）完全

四川涼山州位處中海拔高原，其安寧河谷兩岸沖積平原是高品質稻米、蔬菜的新興產區

川渝地區最大的香辛料批發市場，分別是重慶的盤溪乾貨批發市場，及照片呈現的成都海霸王西部食品物流園。

不相同，比如根莖類的蘿蔔、洋蔥等，滲透效果差，追出過多的水份需要 2～4 天的出胚預處理；而莖葉蔬菜類如青菜、瓢兒白幫等，則需要 2～3 天的出胚預處理；一些質地細嫩的蔬菜如青菜頭、青筍等，則滲透效果快，也容易定色、保色、保持脆嫩，只需 2～3 小時的出胚預處理。所以各類蔬菜性質不同的菜出胚時間各不相同，需要靈活掌握處理。

香料包的使用與管理

視鹽水與泡菜類別、數量等配製好香料，洗淨後裝入紗布包內成為香料包。香料包多放於罈子的中間層，泡一段時間後取出，適度翻攪食材後，再將取出的香料包放入中層位置。

對不便於攪動的泡菜，可通過壓擠泡製食材的方式，讓香料滋味隨著泡菜鹽水的流動而均勻分佈，使滋味能均勻入味。

例行的開罈檢查中，如果發現香料味濃，應將香料包取出；如果味淡則應將香料包放入罈中繼續一起泡漬，或再加入適量香料以增加香料的滋味。

氣溫與鹽味的滲透

一般來說，氣溫越高，鹽味愈容易快速滲透入食材；氣溫越低，鹽味滲透越慢。因此食材出胚、泡製時，也要考慮氣溫因素的影響，因鹽味滲透效果對最終的泡菜風味、品質有明顯的影響。

氣候與鹽味的掌握

氣候四季不同，人們對味的要求也隨季節而不同，如夏季炎熱，泡菜鹽味宜淡一些，冬季寒冷氣溫低，泡菜鹹味則要重一些。因此，泡菜的鹽味濃淡的掌握與管理，要適合當時的氣候因素的影響。

彭州是成都周邊最大的蔬菜產區，一年四季各類蔬菜總產量達 230 萬噸左右。圖為彭州標準化蔬菜田。

食用時間與蔬菜加工

根據實際情況，決定加工方法。如果急需泡菜食用，可酌情將所需泡漬的食材切薄、切小一些，使之儘快泡熟、泡透。如食用較緩慢或需要長時間貯存，則可切厚、大塊一點。甚至不分切、整個泡製，延長成熟的時間。

泡製時間與蔬菜的日曬

蔬菜的日曬依據泡製時間的需要，多數情況下，泡製時間偏長的當年型、長年型泡菜類型，在出胚階段都需有日曬至蔫（水份曬至稍微少一點、葉比較軟）的需求。如：豇豆、蘿蔔、青菜、蒜薹等都需經陽光曬至質地稍蔫，再進行泡製，這樣不僅可以使泡菜貯存時間較久，而且還可保持質地脆爽，並且不易「走籽」和不易變質。又如泡洗澡泡菜的蓮花白、卷心白、青筍類，因時間較短，只需晾乾或瀝乾淘菜時所附著的水份，即馬上泡製，方能保持其本味、鮮嫩的口感。

鹽對四川泡菜而言是最重要的調味料，起調味與抑制雜菌生長的雙重作用。圖為四川自貢燊海井鹽鹵煮乾水份後的鹽，即是可直接食用的高品質川鹽。

貯存時間與泡菜狀態

管理過程中，對於泡製貯存較長時間的泡菜類，於每次開罈都應嚴格檢視罈中泡菜狀態，對一些已經產生破皮、空花、走籽、進水、發軟、變黑等變質現象的泡菜，不能繼續留置在罈中貯存，避免造成整罈泡菜劣化，而且還要迅速撈出處理，可以食用的食用，不能食用的丟棄，以保證整體品質。

四川自貢自流井老街位於自貢市舊城中心，街道沿釜溪河岸而建，漫步其中可領略當年鹽業繁盛風情。

貯存時間與泡菜鹹度

俗話講：越泡越鹹！這是泡菜的基本定律，就是說泡菜貯存的時間越久，入鹽味就會越多。因此，泡菜鹹度亦應隨著貯存期限長短，在管理時加以確認與調整，但也要避免鹹度過淡，從而引起泡菜變質的現象。

老泡菜罈添新鮮食材

當老泡菜罈內還有未使用完的老泡菜，又需要添加新鮮食材入罈泡製時，應先將老泡菜取出後再添加新泡製原料，以免新食材入罈後大量吸味而影響老泡菜該有的風味。老泡菜取出後可移至小罈中，加入適量的原罈泡菜鹽水泡製貯存，或是裝袋後放入冰箱冷藏貯存。

每當重新添加大量新鮮食材入罈泡製，務必記得根據食材的多寡添加食鹽、香辛料及調味料，最忌只添加食材入罈而忘記補輔料、香辛料及調味佐料，導致整個泡菜罈內的泡菜風味品質大打折扣。

四、泡菜鹽水的診治

由於各種不可預知因素，若造成泡菜鹽水變質現象，可以採取以下措施方法處理：

怎樣救治變質冒泡現象？

泡菜罈內有氣泡從罈沿上冒出，酌情可以分為正常與變質兩種，正常冒泡是間隔冒泡，這是泡製過程中釋放二氧化碳氣體所致，響聲不大，揭開罈蓋時，罈中的氣味不刺鼻，泡菜和鹽水之色、香、味正常。

變質冒泡多是因為罈內鹽水與外界溫度有差異、調劑不好，受雜菌污染後，乳酸菌快速繁殖發酵而產生大量氣體所致，連續冒泡較急、響聲較大、揭開罈蓋時，有熱氣並帶有刺鼻的氣味，鹽水渾濁，泡菜和鹽水的色、香味均不正常。

預防變質冒泡方法和補救方法如下：

預防方法：鹽水必須淹沒過泡製原料，不泡空罈、調劑好鹽水溫度，管理好罈沿水確保泡菜罈的密封性，適度翻動泡菜、攪動鹽水，做好環境與泡菜罈的清潔衛生。

補救方法：揭開罈蓋敞開幾小時，將鹽水攪轉並加少量白酒入內攪轉均勻，以滅殺雜菌；另外可以加入幾節甘蔗或韭菜、鮮竹筍塊，也可滅殺雜菌。最後加足鹽度即可恢復泡菜鹽水的健康。

怎樣救治渾釀現象？

如果發現泡菜鹽水因喝風（雜菌感染）導致烏黑、起涎等渾濁現象時，應取乾淨的紗布數層，重疊於盆中，將其泡菜水過濾、澄清後，再加足量的新鹽水，原泡製食材可洗淨後放入再泡，若是已經軟爛的則應拋棄。

當泡菜出現渾釀現象，可明顯從外觀及顏色上看出，氣味也會變得難聞。

做好泡菜罈管理是預防渾醾狀況發生的最佳方法，若泡製量不多，救治處理效益差，建議整罈倒掉後重新起一罈新泡菜。

怎樣除蛆蟲及避免滋生？

若泡菜鹽水中發現蛆蟲但未變質時，可將罈內泡菜及原鹽水倒出在盛器內，再用沸水把罈內清洗乾淨。

將盛器內原鹽水過濾後，取用澄清的部分鹽水，加入適量的新鹽水後檢查鹽水鹹味、滋味等是否合適，酌情加入佐料、香料，調製成新泡菜鹽水倒入罈內，放入沒有變質的泡菜即可重新泡製發酵。若泡菜有輕微變質，則應用新泡菜鹽水淘洗盡蛆蟲後，再重新入罈。

如果泡菜已經腐爛、變臭應立即整罈全部倒掉。

泡菜中會出現蛆蟲的主因，是環境中的蚊蠅在裝罈或開罈蓋時飛進罈中產卵，因此最佳的預防方式，就是做好泡菜罈周邊環境的清潔衛生。

怎樣去黴花？

泡菜如果出現黴花（俗稱：生花）浮面，切勿攪散才方便除盡，若滿罈子生黴花，可將罈口傾斜後慢慢倒入新泡菜鹽水使黴花溢出，若只裝半罈或少量泡菜的鹽水也可打撈至淨，再加入少量白酒攪轉均勻以滅殺雜菌，或加入幾節甘蔗或韭菜、鮮竹筍塊也可抑制。去淨黴花的鹽水，應再酌情添加香料或佐料調味。

打開泡菜後看到一整片黃白毛狀物，就是嚴重生花的典型樣貌，若是輕微則是零星漂浮的狀態。

怎樣治理鹽水的明顯漲縮？

泡菜鹽水的正常漲縮，是泡菜泡製中自然的一種發酵反應，但如果明顯的劇漲、驟縮就是反常現象，此情況大都與氣候冷熱、溫度高低、雜菌繁殖緊密相連。一般來說，氣候太熱，溫度過高時，雜菌感染和鹽水發酵速度快，泡菜體積易於膨脹，導致鹽水劇漲而溢出罈外，反之鹽水則驟縮。

選擇良好的泡菜環境，做好泡菜罈及周邊環境的清潔與衛生管理，是杜絕多數泡菜問題的根本解決之道。

救治鹽水劇漲的方法：
1. 做好泡製過程中各個環節的清潔衛生。
2. 泡製裝罈時不要裝得過滿，應留有餘地。
3. 溫度過高時，應開罈放氣或用清水澆罈身外部降溫。
4. 預先酌情舀出多的泡菜鹽水。

救治鹽水驟縮的方法：
1. 確實做好泡菜罈內外的清潔衛生。
2. 做好泡菜罈環境的保溫工作。
3. 酌情添加鹽水，讓泡菜原料全部淹沒在鹽水之中。

五、四川泡菜專用名詞、術語

01. 出胚
出胚就是泡菜泡製之前，用出胚鹽水泡製頭道處理工序，主要目的是追出蔬菜過多的水份及澀味。這樣泡出的泡菜才能保持長久泡製和保證泡菜的脆爽。

02. 渾釅（音同驗）
指泡菜或泡菜鹽水色澤變怪異、渾濁的意思。

03. 生花
指泡菜鹽水表面漂浮一層白色的黴花浮末物。

04. 喝風
指泡菜在泡製過程中，蓋不嚴實或罈沿水缺少等，造成空氣進入罈內，導致雜菌污染，使泡菜原材料產生一種變質的口感、味感。

05. 走籽
主要指泡豇豆、泡辣椒之類的泡菜呈空扁而軟的現象。多是因為泡製前，豇豆、辣椒等食材就空扁或不夠新鮮，造成泡製後出現「走籽」、口感不脆嫩。

以泡豇豆為例，左邊是質佳的狀態，右邊就是走籽的狀態。

四川盆地的地理環境、位置獨特，加上水系發達，在川渝百姓的耕耘下物產豐饒。圖為四川青神縣漢陽壩渡河碼頭全景。

06. 空花

主要指一些個別蔬菜原料，如蘿蔔、辣椒等，因原料不新鮮或買回後擱置時間過長，就容易造成泡製後內部出現海綿狀的「空花」狀。

07. 汗手

指有部分人的手不宜直接進入泡菜罐內撈出泡製的各種泡菜，這類人因手上自帶雜菌多、油性重而容易造成泡菜鹽水變質，民間俗稱「汗手」。

與汗手特質相反的人，怎麼隨意徒手抓取、翻攪泡菜，泡菜都不變質。

08. 清亮

主要指泡菜鹽水的顏色清澈而不渾濁。

09. 曬蔫

指將準備泡製的各種蔬菜、瓜、果原料，用陽光將其食材內部的水份曬出來後的加工處理方法。

正在曬蔫的青菜。

10. 接種

指將適量的老泡菜鹽水，加入新泡菜鹽水中的一種調製泡菜鹽水的方法。

11. 生蛆蟲

指泡菜鹽水受生水或蚊蟲污染後，造成泡菜鹽水表面出現一些小白蟲。

12. 冒泡

指泡菜鹽水中有氣泡從罐沿上冒出來的狀態或響聲。

13. 葷泡菜

指採用動物性原材料所泡製的一種泡菜。

四川泡菜泡製過程中會持續產生二氧化碳，累積到一定量後，會從罐沿水溢出，形成冒泡的現象，環境安靜時，此起彼伏的響聲猶如優美而紓壓的樂章。

第三章 從0開始，養一罈老泡菜鹽水

大都市及川菜地區以外地方，都難以取得地道的老泡菜鹽水（老泡菜母水）來做出各式各樣的速成型泡菜，這時我們就需要起一罈泡菜來專門養老泡菜鹽水。

養老泡菜鹽水不難，基本做法與長年型泡菜做法一致，只需使用鹽、純淨水、調味佐料及一些泡製的蔬菜食材，通過三個月左右的發酵泡製，就可以自然養出一罈老泡菜鹽水。

通常當年型、長年型泡菜的製作量都較大，若完全用新泡菜鹽水製作這類泡菜，不只需要較長的發酵泡製時間，所得到的風味也較單一，對川菜百姓來說，新泡菜鹽水泡出的成品只能算半成品，也因此川渝地方習慣將新泡菜鹽水泡的第一次，當作是養泡菜鹽水，一般會做得少些，泡好的泡菜滋味雖不夠醇厚，仍可將就著吃。

現代資訊發達，網路上有許多教人如何短時間內做出速成泡菜鹽水的介紹或教學，只能算是急用的替代品，相較於經過長時間發酵泡製而得的老泡菜鹽水，速成泡菜鹽水的風味較單一、醇厚感弱、滋味融合度也較低，建議持續地養護，既能保證泡菜鹽水夠「老」，又能享受豐富的醇、厚、酸、香風味。

從0開始

一般來說，用全新鹽水起的泡菜鹽水，要泡到第三次以後的泡菜才能算是長年型泡菜成

蓋碗三件套加竹椅是川茶館最鮮明的意象，川人喝茶喝的是人生滋味，喝的是生活百態，在過去資訊相對封閉的時代，泡茶館擺龍門陣就像今日上網一樣，是資訊流通與接觸新資訊的重要手段。

品，其鹽水也才能稱之為「老泡菜鹽水」對於無法取得老泡菜鹽水的地方，掌握一個養老泡菜鹽水的做法與管理方法，將獲得終生的美味回報，可以少量製作，又隨時有老泡菜鹽水可以用。

養老泡菜鹽水的目的，雖然是要老鹽水的乳酸菌群及其醇厚風味，來製作變化更多的速成型、當年型泡菜，泡菜成品不是目的，但養老泡菜鹽水的食材，實際已泡透、泡熟，就是泡菜成品，一樣美味，做為調輔料或直接拌食都可以，通過邊養邊吃，累積泡製經驗的同時，也豐富了餐桌。

第一階段：起一罈新泡菜

準備器具：

土陶泡菜罈1個（容量約7.5公斤），出胚用深盆或湯桶1個，塑料製壓泡菜網或是竹篾片3～4根，可放入罈中的大小。

原料：

純淨水或清水5公斤，食鹽500克，白酒50克，料酒150克，醪糟汁100克，紅糖100克，乾辣椒節75克，乾紅花椒10克，八角5克，草果5克，排草5克，香葉3克，甘蔗150克，芹菜100克，韭菜50克，大蒜100克。

做法：

1. 將泡菜罈裡裡外外清洗乾淨，倒扣，瀝去水份。講究的可在罈內用適量高度白酒全部塗抹一次。

2. 乾淨泡菜罈中加入純淨水或清水，放入食鹽、白酒、料酒、醪糟汁、紅糖攪拌均勻至鹽、糖完全溶化。

3. 將乾辣椒節、乾紅花椒、八角、草果、排草、香葉，用清水沖洗去除灰塵、泥土後裝入紗布袋內包好，放入乾淨清水中浸泡2～3小時取出，進一步去除部分天然色素、葉綠素，再放入泡菜罈內。

4. 放入甘蔗、芹菜（打結）、韭菜（打結）、帶皮大蒜，輕攪勻，以壓泡菜網或是竹篾片將原料全部壓入鹽水中。

5. 蓋上罈蓋，摻入罈沿水，靜置於陰涼通風處，做好泡菜罈管理，密封發酵泡製90天即成速成的老泡菜鹽水。

6. 此時的老泡菜鹽水屬於速成的，基本能用，但風味上較單一、醇厚感較弱、滋味融合度也較低。

第二階段：養出老泡菜鹽水

原料：

食材：蘿蔔、青菜（大芥菜）、辣椒等新鮮食材。輔料：芹菜、韭菜、大蒜等新鮮食材可增加鹽水的香味。以上食材單一或多種混合皆可，總量1公斤。

出胚鹽水：純淨水或清水800克，食鹽200克。

要做好泡菜，首要工作就是挑一個適當的泡菜罈。

現代生活環境往城市化快速發展，川人對田園生活的愛好依舊強烈。圖為四川成都天府國際會議中心的庭園造景，直接以田園風情當景觀造景主題。

做法：

1. 根莖類食材洗淨、去皮，切粗條，葉菜類淘洗乾淨後，晾曬一天，曬蔫，備用。
2. 將理好的食材放入出胚鹽水中浸泡1～2小時，撈出瀝乾水份，備用。
3. 撈出第一階段步驟4完成後的泡菜鹽水罈中的芹菜、韭菜、大蒜，依據風味需要決定是否再添加香料、佐料。
4. 加入步驟2出胚好的養老泡菜鹽水的食材，進行養護鹽水乳酸菌群與增加風味。
5. 持續的管理及養護。每當罈中老泡菜鹽水被使用而減少時，都要添加適量的涼開水及鹽、糖等調味料，並定期更換養老泡菜鹽水乳酸菌群的食材，才利於發酵菌群的維持，同時維持穩定的風味，累積出醇厚滋味，通過時間的醞釀逐步達到老泡菜鹽水的狀態。
6. 養護過程中，應每隔10～12天將泡製食材撈出，再下入1公斤、出好胚的新養老泡菜鹽水食材。
7. 養老泡菜鹽水食材換新的同時，應確認鹽度及滋味，適時添加鹽、糖或香辛料調味，以確保風味穩定與乳酸菌群的健康。
8. 一般來說，更換養老泡菜鹽水食材3～5次後，味道就能擁有基本的醇、厚、酸、香風味水準，持續養護，風味會持續累積到一個飽滿狀態，即可用於接種或是調製各種速成型、當年型泡菜的鹽水。
9. 養好的老泡菜鹽水仍需重複進行步驟6、7，以維持老泡菜鹽水的活性與穩定，期間需繼續置放於陰涼通風處養護，做好泡菜罈的清潔衛生管理。

一般來說，在食材替換3～5次後的養老泡菜鹽水，其味道就能有基本的醇、厚、酸、香風味水準。

養老泡菜鹽水常用食材、調料及其作用

蘿蔔：可提供乳酸益菌種，作為乳酸益菌養料以繁殖菌群達到發酵狀態，同時貢獻食材自身的滋味。

青菜（大芥菜）：可提供乳酸益菌種，作為乳酸益菌養料以繁殖菌群達到發酵狀態，同時貢獻食材自身的滋味。

辣椒：可提供乳酸益菌種，作為乳酸益菌養料以繁殖菌群達到發酵狀態，為泡菜鹽水帶來辣味，同時增加辣椒香味。

苦瓜：最常用於養鹽水的食材，可增加泡菜鹽水的醇厚感，用量一般較少，或間隔使用，其次是提供乳酸益菌種，作為乳酸益菌養料。

生薑：增加泡菜鹽水的滋味，作為乳酸益菌養料，但要注意的是薑與辣椒不能一起泡，會導致辣椒走籽、呈空扁狀態，口感不脆嫩。如果泡製的目的不是要吃，只是養老泡菜鹽水就沒關係。

芹菜、韭菜、大蒜：主要對泡菜鹽水起調味作用，其次可提供乳酸益菌種，增加益菌多樣性。

香辛料：如乾辣椒節、乾紅花椒、八角等，在泡菜鹽水中起調和諸味、提鮮增香、除異去腥味的作用，同時還能抑制壞菌生長，增加乳酸益菌多樣性。

白酒、料酒、醪糟：在泡菜鹽水中有滲透、殺菌、發酵、調味等作用。

食鹽：在泡菜中主要有入味、定型、保鮮、增脆、殺菌等作用。

甘蔗：在泡菜鹽水中有吸異味、防護變質、增脆的作用。

紅糖：在泡菜鹽水中有上色、增脆、調和鹽度的作用。

白酒、料酒、醪糟等帶酒精的佐料，在泡菜發酵初期是抑制雜菌的主要成份。

老泡菜鹽水中的乳酸菌種，來自天然附著於蔬菜與香辛料等原料上的菌種，不同地方附著的菌種就不同，因此經典四川泡菜會因為在不同地方製作而出現風味的細微差異，通常益菌菌種多樣性越高，滋味豐富度就越高。

養老泡菜鹽水不能用的食材

　　有些食材絕不能用於養老泡菜鹽水，其所含物質、成份會壞了泡菜鹽水，輕的變混濁、顏色變雜或是壞了滋味，嚴重的會讓整罈老泡菜鹽水敗壞、不能用。

　　絕不能用的食材有黃瓜、萵筍、竹筍及絕大多數的葉菜類，像是有強烈獨特味道的、含水份多的、顏色深、葉綠素重的都是不能用，這些食材可另起泡菜鹽水單獨泡製，但不適合用於養老泡菜鹽水。

養老泡菜鹽水成功秘訣

1. 加入新食材後的 3～5 天內不要取用泡菜鹽水，此階段新舊雜陳，滋味未完全融合。

2. 換新撈出之泡透的養老泡菜鹽水食材，也都是泡菜成品，都可直接食用或作為輔料入菜。

3. 養老泡菜鹽水食材的種類不須每次都一樣，可換著來，更能豐富老泡菜鹽水的滋味。

4. 養好的老泡菜鹽水，除繼續置放於陰涼通風處養護及進行泡菜罈管理外，也可放入冰箱冷藏室中（4～10℃）貯放，可減少老泡菜鹽水食材的更換頻率，約 20 天換一次即可，管理較輕鬆。

5. 若是放入冰箱冷藏室，建議將泡製容器更換為密閉式或單向閥式，每 5～7 天開蓋排氣，避免壓力累積過大造成爆裂意外發生。

6. 週期性替換或添加食材的目的，是提供老泡菜鹽水中的菌群食物，讓其生長繁殖、維持活性，若長時間沒有新食材，相當於菌群沒了食物，將使菌群萎縮、停止發酵，最終變味或敗壞。此法也是對於長時間不泡製原料，但要保存、維持與養護老泡菜鹽水之風味與活性的重要工作。

四川泡菜的滋味主要來自活性乳酸菌，而有「活泡菜」之名，滋味隨時間、溫濕度、食材產區與管理而變化。

第三篇

經典川味泡菜

早期農業時代，每一蔬菜品類只要到產季，都有吃不完、需要找方法進行貯存的問題，而做成泡菜是同屬川菜文化圈的四川、重慶地區的第一選擇，因川式泡菜工藝在最大程度保留蔬菜的鮮脆感同時賦予誘人的乳酸味，傳承至今，形成川菜的經典泡菜都是蔬菜類泡菜，24味型中有一定要加泡菜的，如魚香味及酸辣味，川菜酸辣味的酸大多是泡菜的酸，少數用醋調，其他近半數味型的多數菜品則是通過泡菜的參與來豐富滋味的醇厚感與層次感。

口味刁鑽的巴蜀百姓喜歡變著法子吃，能將一種蔬菜泡出多種滋味，因此經典川味泡菜含蓋長年型、當年型、速成型等泡菜類型，形成「無蔬不泡、無菜不漬」的飲食風情，每一盛產的時蔬瓜果，總能找到法子泡成美味泡菜。

還有許多其他型泡菜，特別是泡水果、醋泡菜、藥膳泡菜也都是經典，不論工藝還是滋味，幾乎是一家一個樣，將在下一篇作為創意泡菜介紹。

001 泡魚辣椒

特　　點：色澤鮮紅，質地脆香，鹹鮮微甜
類　　型：當年型泡菜
食用方式：可直接食用或作為調料、輔料

泡魚辣椒又名泡魚辣子，是川西地區極具特點的傳統泡菜之一，是極少數通過加入動物性原料來增添發酵滋味的四川泡菜，有了鯽魚的加入，會讓泡菜罈中的乳酸菌群更多元，魚蛋白質在發酵過程中也會轉化出別樣風味。

用於泡魚辣椒的鮮活鯽魚不能直接放入泡菜罈中，必須經過一定的時間的餓養，讓鯽魚自然排淨體內的髒污雜質，而後不需宰殺、整魚入罈，才不會污染泡菜鹽水，造成泡菜鹽水混濁或出現不好的滋味。

◆ 原料

鮮紅二荊條辣椒 5 公斤，鮮鯽魚 500 克，新泡菜鹽水 5.5 公斤（見 P046），紅糖 75 克，醪糟汁 70 克，川鹽 230 克，高粱白酒 125 克，料酒 50 克，第二道淘米水 3～5 公斤，香料包｛白菌（乾蘑菇）50 克、八角 5 克、排草 5 克、花椒 5 克、草果 5 克、白胡椒 20 克、山柰 5 克裝入乾淨紗布袋，綁緊袋口即成。｝

泡製泡魚辣椒必須用土陶泡菜罈，現為便於大眾認識與了解，常在泡熟後移入透明的玻璃泡菜罈中作為酒樓裝飾或在活動中做為工藝展示。

◆ 泡製方法

1. 取水盆加入適量清水，放入鮮活鯽魚餓養 1～2 天，期間換 1 至 2 次水；接著取第二道淘米水加川鹽 10 克攪勻後將鯽魚放入，1～2 小時後置於水龍頭下，用清水沖漂 5～6 小時，撈出、擦乾鯽魚身上水份備用。
2. 餓養鯽魚期間，揀選新鮮、硬朗、無蟲傷、蒂把無腐爛的鮮紅二荊條辣椒，洗淨後晾乾水份備用。
3. 香料包放入泡菜罈內，再將新泡菜鹽水、紅糖、醪糟汁、川鹽 220 克、高粱白酒、料酒放入罈內攪勻。
4. 將步驟 1 處理好的鯽魚放入罈內，等鯽魚完全失去生命跡象後再裝入鮮紅二荊條辣椒，用竹篾片卡緊（或用青石壓緊）辣椒。
5. 蓋上罈蓋後摻入罈沿水，密封發酵，泡製 90 天以後即可使用，夏天可略為縮短。

◆ 技術關鍵

1. 鯽魚通過步驟 1 的餓養去除其體內穢物，因此不需宰殺、破腹，也不用去除魚鱗甲，直接入罈。
2. 各種香辛料必須用紗布袋或布袋包好後再放入罈子內，否則鹽水中的原料間到處飄散著香料碎，影響出品效果。
3. 泡製的鹽水必須淹過所有泡製的原材料，否則沒有淹到鹽水的原材料會腐爛，影響泡菜品質，嚴重的會導致整罈腐敗、報廢。
4. 用竹篾片卡或用青石壓食材的目的是讓泡製原材料能被鹽水完全淹沒，確保均勻、充分的吸收鹽水並發酵，出品品質更加良好。
5. 泡製期間應每天檢視罈沿水是否充足、是否髒污，適時添加或更換罈沿水，夏季或泡菜罈環境均溫高於 30°C 時，最好能每天更換罈沿水 1 到 2 次，才能有效避免雜菌進入罈中。

龍潭寺二荊條辣椒。成都龍潭寺不只是寺也是地名，周邊地區曾是知名的二荊條辣椒種植區，與雙流區的牧馬山齊名，現因都市發展而成了絕響。

經典菜品01
魚香雞排

成菜特點：色澤金黃、外酥裡嫩、魚香味濃郁
味　　型：魚香味
烹調技法：炸

◆ 原料
雞脯肉 200 克，麵包粉 200 克，雞蛋 2 個，生粉（太白粉）100 克，泡魚辣椒末 75 克，泡生薑末 25 克，大蒜末 40 克，食鹽 4 克，白糖 25 克，陳醋 30 克，料酒 10 克，小蔥花 15 克，水 45 克，太白粉水 50 克，沙拉油 2000 克（約耗用 100 克）

◆ 做法
1. 雞脯肉洗淨，片成厚 0.3 公分的大片，在雞肉的表面剞上十字花刀。用食鹽 1 克、料酒 10 克碼味備用。
2. 取生粉放入碗中，加入 2 個雞蛋調製成全蛋澱粉糊；麵包粉鋪於平盤中，備用。
3. 將片好的雞脯肉片裹勻全蛋澱粉糊，接著置於平盤的麵包粉上，粘上一層麵包粉；將全部雞脯肉片逐一、均勻的粘裹上麵包粉。
4. 鍋洗淨上火，加入沙拉油大火燒至 150°C 後調成小火；將裹上麵包粉的雞脯肉片放入油鍋中，炸至色澤金黃、酥脆時出鍋瀝油；再將炸好的雞排改刀成一字條，裝盤成三疊水型備用。
5. 鍋上火入沙拉油燒至熱，下入泡魚辣椒末、泡生薑末、大蒜末小火炒至紅亮，加入水燒沸，調入食鹽 3 克、白糖、陳醋攪勻，再用太白粉水收汁，加入小蔥花調味攪勻出鍋，裝入味碟內配上雞排成菜。

◆ 美味關鍵
1. 雞脯肉要選擇新鮮、無死血斑塊、無異味的為佳。
2. 刀工處理雞片時，以巴掌大小為宜，太大太小都影響成菜裝盤的美感。
3. 雞脯肉在裹全蛋糊時不宜太厚，否則影響成菜口感；沾麵包粉時適度的壓一壓肉片，麵包粉沾黏較牢，減少油炸時大量麵包粉掉落的情況。
4. 控制好油溫，油溫太高雞排成菜效果不好；油溫太低雞排容易浸油而影響成菜口感舒適度。
5. 泡魚辣椒可用泡紅二荊條辣椒替代；調製魚香味汁時底味（鹹味）要足夠，否則就只有甜酸的味感，魚香感出不來。
6. 泡魚辣椒要先去淨辣椒籽再剁成泡魚辣椒細末，魚香汁才紅亮、口感亦佳。

更多經典：魚香茄子、泡椒鮮魷花

002 洗澡泡菜

特　　點：食材多樣，鹹酸鮮香，入口脆爽，製作簡單，四季皆宜
類　　型：速成型泡菜
食用方式：直接食用

一般泡製時間少於3天的速成泡菜都可稱之為洗澡泡菜，鮮、香、爽口是最大特點。洗澡泡菜可說是川渝地區家家戶戶必備日常泡菜，更是川渝地區麵店、餐館必備的開胃、清口小菜，多數免費供應。

享用滋味濃郁厚重的特色川菜後，來上幾口洗澡泡菜，既解膩又清口，泡菜裡的乳酸菌更有助消化之效，讓每一餐都能飽的舒服，可說是川人養成飯後吃泡菜習慣的主因。

洗澡泡菜泡製簡易，食材可隨季節更換，肉厚實、可生吃、口感脆嫩的食材都能做成洗澡泡菜，傳統上使用老泡菜鹽水調製洗澡泡菜鹽水，現今則喜愛用泡小米辣椒鹽水，鮮辣爽口感更突出。

◆ 原料

白蘿蔔2公斤，純淨水2公斤，泡小米辣椒100克，鮮紅小米辣椒100克，生薑片30克，西洋芹50克，鮮檸檬片50g，川鹽100克，泡小米辣椒鹽水500克，冰糖30克，保寧白醋200g。

◆ 泡製方法

1. 將白蘿蔔切成1公分的方塊，西洋芹切條備用；泡小米辣椒、鮮紅小米辣椒分別切成1公分的節。
2. 將純淨水、泡小米辣椒節、鮮紅小米辣椒節、生薑片、鮮檸檬片、川鹽、泡小米辣椒節、鹽水、冰糖、保寧白醋攪勻，裝入瓷或玻璃泡菜罈內。
3. 將白蘿蔔塊、西洋芹條拌勻後放入泡菜罈內，蓋上罈蓋，泡製24小時候後即可食用。

◆ 技術關鍵

1. 可選用新鮮的各種顏色根、莖類時蔬，如胡蘿蔔、甜椒、洋蔥、青筍等一起混合泡製，成菜後五顏六色，更增進食慾。
2. 洗澡泡菜不宜久泡，多會喪失鮮、香、爽口的特點，泡製好後應短時間內食用，一般建議1～2天內食用完畢。

在川菜地區，餐館、麵館提供的洗澡泡菜各式各樣，多數是免費的。

第三篇　經典川味泡菜

003 泡野山椒

特　　點：色澤青綠微黃，酸香辛辣
類　　型：當年型泡菜
食用方式：作為調料或輔料

川菜地區說的野山椒屬於朝天椒的一種，有些地方稱之為小米辣，椒果相對小、辣度高是其特點，四川地區多做成泡野山椒用於菜品調味，起到增鮮增辣的效果，或用於調製洗澡泡菜、葷泡菜用的泡菜鹽水，取其辣度及濃郁醇厚的酸香滋味。

市場上常見的泡野山椒有二種，一種是灰綠色的，這種泡野山椒用的野山椒為成熟度較高但還沒轉紅的，基本都是帶把子泡的；另一種泡野山椒成熟度較低，顏色是鮮亮的黃綠色，市場上更常稱之為「泡小米辣椒」，都不帶把子泡製。

泡野山椒與泡小米辣椒的鹽水調製及泡製方法都是一樣的，用的是同一辣椒品種，但成熟度有老嫩之別，也就有了顏色及辣度的感官差異；泡小米辣椒用的是顏色黃綠未熟的嫩野山椒，辣味素累積較少，所以顏色黃亮，辣味較低，泡野山椒用的辣椒老些，顏色濃綠，辣椒素累積也較多，因此泡出來辣味十足。

一般家庭、個人較難在市場上買到黃綠未熟的新鮮嫩野山椒來自己泡製，幾乎只有專業泡菜企業通過與產區合作、專門採購才能製作黃亮的「泡野山椒」，而市面零售產品又多名為「泡小米辣椒」，加上兩者確實有差異，為了區隔也就約定俗成將灰綠帶把的稱為泡野山椒，黃亮不帶把的稱為泡小米辣椒。

泡野山椒辣味、滋味厚重，泡小米辣椒辣味相對輕些，加上顏色好看，在大眾市場上使用十分普遍，也更容易取得，因此本書介紹的葷泡菜、洗澡泡菜與速成型泡菜配方都以更容易取得的泡小米辣椒來調製泡菜鹽水，便於川菜地區以外的朋友製作與體驗。

相對的，若是能取得泡野山椒或有自己泡的，強烈建議將本書洗澡泡菜與速成型泡菜的泡小米辣椒置換為泡野山椒，您將體驗到更地道、飽滿的風味。

色澤黃綠未完全熟野山椒。

◆ 原料

鮮野山椒 500 克，新老泡菜鹽水 400 克（見 P045），川鹽 15 克，紅糖 15 克，醪糟汁 40 克，高粱白酒 30 克，香料包（八角 3 克、草果 1 個、花椒 3 克、排草 5 克裝入乾淨紗布袋，綁緊袋口即成。）

◆ 泡製方法

1. 揀選新鮮、色澤青綠、肉質緊實、無腐爛的野山辣椒，淘洗乾淨後瀝乾水份備用。
2. 香料包繫緊放入罈中，新老泡菜鹽水加入川鹽、紅糖、醪糟汁、高粱白酒化開、攪勻，再倒入罈內。
3. 將瀝乾後的野山椒放入罈內，蓋上罈蓋後摻入罈沿水密封，靜置於陰涼通風處發酵。
4. 做好泡菜罈管理，冬季約泡製 180 天後即可使用，夏天可略為縮短。

◆ 技術關鍵

1. 應選用新鮮、色青綠、質厚實的野山椒為原料。
2. 泡製時鹽水必須要完全淹過所泡製的原材料，這樣泡製後的原材料充分吸收鹽水後口感脆爽，反之效果欠佳。
3. 野山椒入罈後每 15 天左右，應將辣椒翻一次罈，讓每一個野山椒充分而均勻的發酵並吸收泡菜鹽水的風味成分。
4. 為防止鹽水及泡製原料變質變味腐爛，野山椒在泡製、發酵過程中忌諱油脂污染，這一禁忌適用於所有當年型及長年型泡菜。
5. 更多辣椒相關知識可參考《玩轉辣椒》舒國重、朱建忠著，賽尚圖文出版。

004 泡青菜

特　　　點：色澤青黃，鹹酸脆香爽口
類　　　型：長年型泡菜
食用方式：適合當輔料或調料

青菜在川菜地區特指大芥菜，泡青菜又名泡酸菜，早期巴蜀人家每到冬季都會泡個幾十上百公斤，以備之後一整年都有得吃。

青菜剛泡下 15~20 天就能食用，此時鮮脆爽口但乳酸香味弱，老百姓習慣稱之為泡青菜，在邊泡邊吃的同時累積發酵滋味，泡足一年以上就是乳酸香濃郁的陳年泡青菜，現多稱為泡酸菜或老罈酸菜，是製作酸菜魚及各種酸菜味濃菜品的關鍵調輔料。

今日多數家庭已沒有大泡菜罈，只有小罈子，整棵青菜太大放不進家用小泡菜罈，衍生出一般家庭可以製作的速成型泡青菜，其泡製流程、泡菜鹽水配方與泡酸菜相同，但鹽用量要略減，改成將新鮮厚實的青菜葉片拆分成片狀後出胚，此時葉片變軟，即可捲成卷裝入小罈中泡製，成品的脆爽特點十分突出，用於拌食或炒肉末、當主輔料入菜，味道極美。

泡菜罈要求放置於陰涼通風處，維持相對穩定的溫度對於泡菜品質與管理有明顯的幫助，因此川西部分地方會採取將泡菜罈埋在土裡的方式讓泡菜罈溫度進一步穩定，冬夏溫差變小，更容易管理。

用於製作泡酸菜的川渝地方品種大葉青菜，成菜高達 100 公分上下，重量可達 4～5 公斤。

◆ 原料

青菜（大芥菜）50 公斤，出胚鹽水 50 公斤（見 P044），老泡菜鹽水 40 公斤（見 P045），川鹽 1.5 公斤，紅糖 1.75 公斤，白酒 500 克，乾辣椒 50 克，香料包（見 P047，份量乘 10 倍），泡菜罈 1 個（容量約 100 公斤）

◆ 泡製方法

1. 選用新鮮、葉少、幫厚實的青菜，揀選乾淨後洗淨，瀝水再晾曬至青菜水份稍乾，菜葉稍蔫後，用出胚鹽水泡 2～3 天起缸，瀝乾澀水備用。
2. 老泡菜鹽水灌入罈內，調入川鹽、紅糖、白酒溶化、攪勻，再加入乾辣椒、香料包調勻。
3. 將出胚好的整棵青菜直接裝罈、壓緊（可用竹篾片卡緊或青石壓實），確定青菜被鹽水淹過食材後，蓋上罈蓋，摻足罈沿水，泡半年以上即可使用。
4. 做好泡菜罈的日常維護管理，青菜在泡菜罈內泡製滿一年以上，即成老罈酸菜。

◆ 技術關鍵

1. 一定要曬蔫後才出胚頭道鹽水，才能保證泡菜鹽水一整年不混濁。
2. 青菜選用新鮮、葉少菜幫厚實、無蟲蛀的為宜。
3. 放鹽可根據需要增減，速成型泡青菜的用鹽量一般少於陳年泡酸菜（即俗稱的老罈酸菜）。

變 化 應 用

家庭小罈泡青菜

特　　點：色澤青綠，鮮脆爽口
類　　型：速成型泡菜
食用方式：適合當主料或輔料

泡酸菜的傳統青菜品種十分大棵，因應時代變化，產季時有些農貿市場菜販會貼心的將一大棵青菜分拆出售。

◆ 原料

青菜（大芥菜）5 公斤，出胚鹽水 5 公斤（見 P044），老泡菜鹽水 4 公斤（見 P045），川鹽 125 克，紅糖 175 克，白酒 50 克，乾辣椒 25 克，香料包（見 P047）

◆ 做法

1. 拆選用新鮮、葉少菜幫厚實的的青菜葉，洗淨後曬 2～3 天至青菜水份稍乾，菜葉稍蔫。
2. 曬蔫青菜葉下入出胚鹽水泡 2～3 天起缸，瀝乾澀水後再捲成小卷，即可裝入泡菜罈中壓緊（可用竹篾片卡緊或青石壓實），備用。
3. 老泡菜鹽水調入川鹽、紅糖、白酒溶化、攪勻，再加入乾辣椒、香料包調勻。
4. 將調好的泡菜鹽水灌入罈中，確認淹過食材後，蓋上罈蓋，摻足罈沿水，泡約 10 天即可食用。
5. 做好泡菜罈的日常維護管理，可貯存約 6 個月。

經典菜品：泡酸菜烏魚片（更多酸菜魚餚，見《經典川味河鮮》，朱建忠、賽尚圖文）、泡青菜炒牛肉末

005 泡青二荊條辣椒

特　　點：色澤青黃，入口脆爽，微辣略甜
類　　型：當年型泡菜
食用方式：直接食用或作為菜品輔料

Sichuan
paocai

◆原料

鮮青二荊條辣椒5公斤，紅糖125克，新老泡菜鹽水5公斤（見P045），川鹽75克，高粱白酒50克，醪糟汁50克，香料包（取乾淨紗布袋裝八角5克、白菌50克、排草5克、草果5克、花椒5克，束緊袋口即成。）

◆泡製方法

1. 選用新鮮、無蟲傷的鮮青二荊條辣椒洗淨，瀝乾青二荊條辣椒表面的水份備用。
2. 放入瀝乾的青二荊條辣椒及香料包後，用竹篾片卡緊罐中青二荊條辣椒。
3. 將紅糖、川鹽、高粱白酒、醪糟汁下入新老泡菜鹽水中溶化、攪勻，再灌入泡菜罐內。
4. 確認青二荊條辣椒及香料包全部淹沒在鹽水中，蓋上罐蓋摻入罐沿水，發酵180天即可使用，夏天環境溫度高，可適度縮短天數。

◆技術關鍵

1. 務必選用肉質堅實、無蟲傷、新鮮的牛角椒做為泡製原料，成品口感較佳。
2. 泡製過程中，冬天需每周換洗罐沿水至少1次，夏天需每周換洗罐沿水至少3次，以避免罐沿水髒污或長蟲而影響罐內衛生。
3. 泡製過程中每15天左右將泡菜罐中的原料翻一遍，讓泡製原材料與泡菜鹽水發酵、入味更均勻，保證出品品質與脆爽口感。
4. 此配方、做法也可以用於泡製紅二荊條辣椒，泡製時間同樣約180天。

全國著名的「萬州烤魚」就是使用了大量泡辣椒、泡薑、泡蘿蔔提味增鮮，還加了木薑（即山胡椒、山蒼子）果及木薑油增香，更是一絕，妥妥的地方風味。

經典菜品 02

泡椒雞雜

成菜特點：色澤紅亮、泡椒味濃、佐飯佳餚
味　　型：泡椒家常味
烹調技法：炒

◆ 原料

雞胗 100 克，雞肝 50 克，雞心 50 克，雞腸 75 克，泡青、紅二荊條辣椒各 75 克，泡薑 50 克，芹菜 100 克，食鹽 1 克，味精 2 克，雞精 1 克，白糖 1 克，胡椒粉 1 克，陳醋 5 克，料酒 10 克，太白粉水 50 克，菜籽油 100 克

◆ 做法

1. 雞胗處理乾淨好後，剞佛手花刀；雞肝去苦膽後切 0.3 公分厚片；以滾刀將雞心片成薄片；雞腸去油切成 8 公分的段。
2. 將改好刀的雞胗、雞心、雞肝、雞腸放入碗中，調入食鹽、料酒、太白粉水 20 克碼味備用。
3. 芹菜洗淨後切成寸節備用；泡青、紅二荊條辣椒切成馬耳朵狀；泡薑切成薄片。
4. 鍋入菜籽油，大火燒至 180℃，放入碼味後的雞雜入鍋爆炒至散開，隨即放入泡椒節、泡薑片炒出香味，再下入芹菜段炒勻。
4. 用味精、雞精、胡椒粉、白糖、料酒、太白粉水 30 克調味、收汁，出鍋裝盤成菜。

◆ 美味關鍵

1. 雞胗打花刀便於爆炒成熟更快、成菜更加美觀。雞心滾刀片是成型片張更大。雞腸表面的油要去除乾淨，成菜後的脆感較佳。
2. 炒雞雜時油溫要高、火力要大，才能保證爆炒菜品的成菜特點要求。
3. 芹菜入鍋不宜久炒，在高溫餘熱的情況下，更能體現芹菜的脆爽、清香與鮮美。

川 菜 巧 工

爆炒的時間多數極短，因此最後的調味收汁動作要快，若是調料一一下入，多數會有火候過久的問題。
川菜解決這一調味問題的方法是在起鍋上火前，將需要的味精、雞精、胡椒粉、白糖、料酒、太白粉水等調味料都調入碗中，川菜行業稱為「滋汁」，到調味收汁步驟時只要將滋汁倒入就完成調味與收汁。這一工藝也普遍用於川菜小煎小炒類的菜品。
因調味工藝的獨特性，小煎小炒工藝相關的菜多成了川菜名菜，如宮保雞丁、魚香肉絲等等。

006 泡青辣椒

特　　點：色澤青黃，鹹辣脆香，青鮮味濃
類　　型：當年型泡菜
食用方式：主要用做菜餚的調料、輔料、配料

重慶及川東烹製泡椒味菜品時偏好泡青辣椒特有的濃厚青鮮味，重用泡青辣椒可說是重慶及川東泡椒味的一大特點，有些地方，如達州、萬州還有加木薑（山胡椒）油或木薑果增香的調味習慣。

重慶及川東地區偏好使用當地稱為醬椒之秋季未完全熟的小米辣椒或石柱紅辣椒來泡製，此類辣椒是從綠開始轉紅階段的辣椒，其色如醬、肉厚、辣味足，相較於成熟且完全轉紅的辣椒，辣味一樣足，但多了濃濃的青鮮味，加上肉質厚實更適合較長時間的發酵泡製，風味更濃。

◆ 原料

青辣椒 5 公斤，川鹽 150 克，出胚鹽水 3.5 公斤（見 P044），新泡菜鹽水 3 公斤（見 P046），老泡菜鹽水 250 克（見 P045），醪糟汁 20 克，高粱白酒 60 克，香料包（取乾淨紗布袋裝入八角 5 克、白菌 50 克、排草 5 克、草果 5 克、花椒 5 克）

◆ 泡製方法

1. 選用新鮮、肉質堅實、均勻無蟲傷的青辣椒，去掉椒柄洗淨。
2. 洗淨的青辣椒下入出胚鹽水中出胚 5 天，至青辣椒成扁形後，撈出晾乾辣椒表面的水份。
3. 將晾乾後的辣椒入罈，放入香料包再用竹篾片卡緊。
4. 將新泡菜鹽水加入老泡菜鹽水、川鹽、醪糟汁、高粱白酒攪勻後，灌入裝有青辣椒的罈中，蓋上罈蓋摻入罈沿水後，發酵 90 天後即可使用。

在木薑果（山胡椒）成熟季節，在重慶市及川南、川東等靠山區的地方農貿市場常見農民售賣新鮮木薑果。

◆ 技術關鍵

1. 選用秋季的青辣椒泡製最佳，秋季成熟的辣椒皮厚肉緊，辣味充足。
2. 秋辣椒即每年立秋後 20 天成熟的辣椒，其肉質厚、辣味足，泡製發酵完成後口感脆爽、辣味足，適宜作輔料、配料。
3. 泡製時間比一般的泡菜時間長，最少 150 天左右才勉強能用，時間太短不易泡熟（即充分發酵）。
4. 泡製過程中，冬天需每周換洗罈沿水至少 1 次，夏天需每周換洗罈沿水至少 3 次，以避免罈沿水髒污或長蟲而影響罈內衛生。
5. 泡製過程中每 15 天左右將泡菜罈中的原料翻一遍，讓泡製原材料與泡菜鹽水發酵、入味更均勻，保證出品品質與脆爽口感。
6. 此配方、做法也可用於泡製牛角椒、滿天星辣椒、朝天椒等，泡製時間大約 150 天，成品入口脆爽、微辣略甜。

經典菜品 03
泡青辣椒炒豬肝

成菜特點：酸辣開胃、肉質細嫩、佐飯佳餚
味　　型：泡椒家常味
烹調技法：炒

◆ 原料

泡青辣椒 200 克，泡薑片 50 克，豬肝 200 克，小蔥頭 50 克，食鹽 1 克，味精 2 克，雞精 1 克，白糖 1 克，胡椒粉 1 克，太白粉水 50 克，料酒 20 克，菜籽油 100 克

◆ 做法

1. 豬肝切成厚約 0.3 公分的柳葉片，用食鹽、料酒、太白粉水 30 克碼味備用。泡青辣椒對剖開，小蔥頭切寸節備用。
2. 取淨鍋上火入菜籽油燒至七成熱，轉大火並下入碼好味的豬肝片炒散，加入泡青辣椒、泡薑炒出味。
3. 下入小蔥頭節後，用味精、雞精、料酒、胡椒粉、太白粉水 20 克收汁炒勻出鍋裝盤成菜。

◆ 美味關鍵

1. 豬肝選用黃沙豬肝，成菜口感更加細嫩。不宜選用沖血過多的豬肝。
2. 豬肝不宜切的過薄，口感容易乾、柴，太厚入味不足或容易夾生，影響成菜細膩口感，通過經驗總結以厚度 0.3 公分為宜。
3. 泡青辣椒一定要泡製半年以上的老罈鹽水泡的效果最佳，酸香突出，辣感醇厚。
4. 豬肝入鍋時油溫要高，以七成油溫（約 200°C）左右的高溫爆炒，可確保口感細膩脆爽。

更多經典：泡青椒炒雞絲

007 泡藠頭

特　　點：色澤微黃，嫩脆辛香
類　　型：當年型泡菜
食用方式：直接食用或入菜作為調輔料、配料

藠頭又名蕗蕎、蕎頭、薤頭，古名「薤」（音同謝），是傳統植物五辛之一，其葉子像蔥又似韭，鱗莖卻像蒜，常讓人搞混。

產季初期可鱗莖連葉一起炒食，後期葉片已老，只有鱗莖適合食用，藠頭有獨特氣味，多數人好惡分明。

Sichuan
paocai

◆ 原料

藠頭 5 公斤，老泡菜鹽水 3 公斤（見 P045），川鹽 300 克，乾辣椒 70 克，紅糖 250 克，高粱白酒 70 克，香料包（取乾淨紗布袋裝八角 5 克、白菌 50 克、排草 5 克、草果 5 克、花椒 5 克，綁緊袋口即成。）

◆ 泡製方法

1. 新鮮質嫩、均勻的藠頭揀選後洗淨，瀝乾水份，放入盆中用川鹽 170 克、高粱白酒 50 克拌勻，出胚醃製 1～3 天後撈出並瀝乾附著的水份。
2. 將其瀝乾水份的藠頭裝入罈中，放入香料包。
3. 老泡菜鹽水加入川鹽 130 克、乾辣椒、紅糖、高粱白酒 20 克，充分溶化、攪勻後灌入泡菜罈內，蓋上罈蓋摻入罈沿水，置於陰涼通風處發酵 30 天即可使用。

◆ 技術關鍵

1. 選用新鮮、質嫩的藠頭為原料，泡製務必將泥沙淘洗乾淨，以免影響口感。
2. 夏季氣溫較高，泡製發酵時間可適度縮短 3 到 7 天。
3. 如果想要在短時間內食用藠頭，可以將藠頭一破為二，用比正常醃製藠頭出胚時多 20% 的食鹽，醃製約 8 小時後入罈內或瓶內，再加老泡菜鹽水、醪糟汁泡約 7 天即可食用，此法發酵程度低，鹹味重，乳酸香味弱，可歸為速成泡菜做法，也別有風味。

成都人好安逸，泡茶館、擺龍門陣早成了生活重要部分，天氣一好，有露天茶座的茶館常一座難求。圖為成都府河邊上保有茶博士與長嘴壺摻茶服務的露天茶鋪子。

008 泡花菜

特　　點：色白嫩脆，鹹辣鮮香
類　　型：速成型泡菜
食用方式：直接食用或作為菜品輔料

◆ 原料
花菜 5 公斤，老泡菜鹽水 5 公斤（見 P045），川鹽 150 克，乾辣椒 150 克，紅糖 50 克，白酒 50 克，醪糟汁 25 克，香料包（見 P047）

◆ 泡製方法
1. 將新鮮的大白花菜，分切成小朵狀，分 6～8 次入沸水鍋中焯一水（汆燙），斷生就撈出，迅速攤開晾乾水份。
2. 老泡菜鹽水加入川鹽、乾辣椒、紅糖、白酒、醪糟汁調勻，倒入泡菜罈內。
3. 放入晾乾的花菜，加入香料包，用篾片卡緊，蓋上罈蓋，摻足罈沿水，泡約 4～5 天即可開罈食用。

◆ 技術關鍵
1. 應選用新鮮質地嫩、無黑點、無傷痕的大白花菜泡製，質地佳，成品口感才好。
2. 分次焯（音同卓）水（汆燙）的次數應依照湯鍋的大小及水量多寡而定，讓焯水時間盡可能短，略燙一下、斷生即可，不宜久煮，才能保持鮮脆口感。
3. 做好泡菜罈與鹽水管理，貯存時間可達 2 個月左右。

花菜除了泡成泡菜，晾乾水份做成菜乾或醃成鹹菜，其滋味、口感都極具特色。

009 泡仔薑

特　　點：入口脆爽、辛辣，酸爽開胃
類　　型：速成型泡菜／當年型泡菜
食用方式：多是直接食用，也可作為輔料、配料入菜

泡仔薑是川渝地區常見下飯菜，只需將泡好的仔薑用手撕成條狀或用刀切成片、塊，即可直接食用，吃本味最能體現風味。

另可以把泡仔薑改刀切成絲或片，依個人口味偏好調入白糖、味精、醋、辣椒油、香油拌勻食用，常拌成紅油味及糖醋味，滋味亦佳。

若泡好的仔薑鹽味過重，可以先用飲用水淘洗一下擠乾水份，去除多餘的鹽份後再加調料拌食，一般用水去過鹽份直接吃味感不佳。

這一泡仔薑配方、做法可用於泡製調料用泡薑，但原料及泡製時間不同，薑必須改用「二老薑」，即每年寒露節氣半個月後的生薑，泡製時間則泡足180天以上，這樣的泡薑辛辣味及乳酸香風味才足夠濃郁，才適合作為調料使用。

◆ 原料

新鮮仔薑5公斤，鮮紅小米辣椒250克，出胚鹽水5公斤（見P044），老泡菜鹽水5公斤（見P045），川鹽350克，紅糖150克，高粱白酒50克，香料包（取乾淨紗布袋裝入八角5克、白菌50克、排草5克、草果5克、花椒5克，綁緊袋口即成。）

◆ 泡製方法

1. 仔薑刮去表面粗皮，去掉薑嘴（末端根莖交接處，表皮多為紅紫色）、老莖部分後洗淨、瀝水，下入出胚鹽水中出胚1～2天後撈出，晾乾附著的水份。
2. 用乾裝罈法將川鹽、紅糖、高粱白酒混合拌勻入罈後，依次裝入鮮紅小米辣、香料包、仔薑後用竹篾片卡緊，再加入老泡菜鹽水，蓋上罈蓋，摻足罈沿水發酵泡製6～10天即可食用。

川西鄉鎮茶館。

◆ 技術關鍵

1. 宜選用帶泥、老根短、兩邊薑芽瓣多的嫩仔薑，成品的細、嫩、脆口感才佳。
2. 宜用老泡菜鹽水，整體滋味醇香豐富，也可用新老泡菜鹽水，乳酸香及整體味感較清新。
3. 泡製發酵 6～10 天後，將香料包撈出，只留下白菌。
4. 若是急用，可將仔薑切成片或絲，入調製好的泡菜鹽水中泡一天即熟，滋味風格會偏洗澡泡菜的鮮爽感。
5. 若是在現有的罈中泡則應改為鹽水裝罈。

變化應用

讓速成型泡菜一菜多吃

多數速成型泡菜都可以通過再次泡入特調泡菜鹽水中，進行短時間二次泡製來達到改味的目的，讓泡菜成品滋味產生變化，更加吃不膩。

進行改味前應先嚐一下泡菜的鹹酸度，如鹹酸味過重，改味前可先用清水漂一下，減去一部分鹹酸味後再進行改味。

以下以泡仔薑為例：

1. 改成鹹甜味的方法：老泡菜鹽水 300 克調入川鹽 40 克，水 100 克，紅糖 200 克，醪糟汁 25 克，充分攪拌溶化即成鹹甜鹽水，裝入瓶內。泡仔薑 500 克切片或細條，放入鹹甜鹽水罐內，泡 1～2 小時即為色橙黃、鮮香、鹹甜、脆嫩的鹹甜泡仔薑。
2. 改成甜酸味的方法：用陳醋 150 克，醬油（或生抽）125 克，紅糖 250 克，醪糟汁 50 克，老泡菜鹽水 300 克，冰糖 120 克，調成甜酸汁裝瓶罐內。仔薑 500 克切成片或粗絲，先用清水浸一下，擠淨附著水份，入瓶罐泡約 1～2 小時即成色澤黑黃、甜中微酸的甜酸泡仔薑。
3. 改成玫瑰味的方法：用老泡菜鹽水 300 克，紅糖 50 克，白糖 200 克，大紅浙醋 150 克，醪糟汁 50 克混合，攪拌溶化後再加糖漬玫瑰 100 克入瓶中攪散後，浸漬約 40 分鐘左右，將泡仔薑 500 克切絲或片放入其中，泡製約 60 分鐘即成鹹甜中帶玫瑰香味的玫瑰泡仔薑。
4. 改成酸辣味的方法：用乾辣椒 10 克（去籽），漢源紅花椒 5 克，老泡菜鹽水 300 克，紅糖 50 克，醪糟汁 50 克，泡小米辣椒 50 克調成汁入瓶罐，將泡仔薑 500 克切片或絲裝入瓶罐內泡約 60 分鐘左右，即成鮮香、酸辣微帶甜的泡仔薑。

經典菜品 04

仔薑兔

成菜特點：色澤紅亮、肉質滑嫩、仔薑味濃郁
味　　型：泡椒家常味
烹調技法：燒

◆ 原料

去皮兔 350 克，泡生薑 50 克，泡紅二荊條辣椒末 75 克，仔薑 50 克，青二荊條辣椒 70 克，青花椒 15 克，大蔥 20 克，食鹽 2 克，味精 2 克，雞精 2 克，胡椒粉 1 克，料酒 20 克，白糖 1 克，陳醋 5 克，花椒油 25 克，香油 20 克，太白粉水 40 克，純淨水 200 克，菜籽油 100 克

◆ 做法

1. 將去皮兔宰成 1.5 公分大小的丁，用食鹽、料酒、太白粉水碼味上漿備用。泡生薑、仔薑分別切成二粗絲；大蔥、青二荊條辣椒均切成 1.5 公分的小節。
2. 鍋入菜籽油大火燒至六成熱，下入大蔥節、青花椒、泡紅二荊條辣椒末、泡薑絲煸炒至色澤紅亮、香氣濃郁四溢時加入純淨水燒沸。
3. 轉小火，保持鍋中湯面微滾狀，將碼好味的兔肉丁下入鍋中，燒煮約 3～5 分鐘。
4. 調入味精、雞精、胡椒粉、白糖、陳醋、花椒油、香油調味，接著加入青二荊條辣椒節翻勻斷生後出鍋裝盤成菜。

◆ 美味關鍵

1. 選用新鮮兔肉，成菜口感較佳。沒有兔肉，可改用雞脯肉或去骨雞腿肉。
2. 兔肉刀工處理大小均勻是保證成菜口感關鍵的一步，也是成菜美觀的基礎。
3. 要想成菜更加滑嫩，可以在燒之前，將碼好味的兔肉丁入油鍋中滑油至八成熟，同時能加快出品時間，但滋味較不濃郁。可根據需要選擇工藝。

010 泡美人椒

特　　點：色澤紅亮、入口脆爽、酸甜而微辣
類　　型：型：速成型泡菜
食用方式：直接食用或作為菜品輔料

◆ 原料

紅美人椒 500 克，出胚鹽水 500 克（見 P044），老泡菜鹽水 500 克（見 P045），川鹽 20 克，冰糖 150 克，大紅浙醋 100 克

◆ 泡製方法

1. 將紅美人椒洗淨，用出胚鹽水出胚 2 小時。
2. 將出胚好的紅美人椒瀝乾水份，備用。
3. 老泡菜鹽水、川鹽、冰糖、大紅浙醋攪勻，裝入罈中。
4. 把瀝乾水的紅美人椒放入泡菜罈中，蓋上罈蓋，泡製 20 天即可。

◆ 技術關鍵

1. 選色澤紅亮、新鮮、無蟲蛀、外表無疤痕的美人椒為宜。
2. 美人椒在刀工處理時，應大小均勻，是保持成菜美觀的前提因素。
3. 先用川鹽鹽漬一遍，可以去除部分辣椒生澀的味，還能增加脆感。
4. 此菜不宜久泡，否則影響成菜口感脆度。
5. 可將紅美人椒用小刀劃成刷把形，出胚後再泡製，泡製時間可縮短為 3 天。

位於成都市新津區的中國天府農業博覽園，集休閒、文創、會展於一體的博覽平台。

011 泡豇豆

特　　點：色澤青黃，鹹酸香脆，可貯存一年
類　　型：速成型泡菜／當年型泡菜
食用方式：剛泡熟的適合直接食用，泡三個月以上的更適合作為調料、輔料

豇豆又稱之為長豆角、菜豆，品種主要分白豇豆、細青豇豆，川渝地區慣用質地緊實的細青豇豆來泡製成泡豇豆，又名酸豇豆。

泡豇豆最家常的吃法就是吃本味，取出後改刀即可食用，也可放些紅油辣椒、味精、糖調味；深受川渝人們喜愛的吃法是將泡豇豆切顆粒再與切碎牛肉、豬肉拌炒，鹹酸滋味十分下飯，也可加乾辣椒、花椒、蒜苗節熗炒食之。

◆ 原料

鮮豇豆5公斤，出胚鹽水5公斤（見P044），新老泡菜鹽水5公斤（見P045），川鹽400克，紅糖120克，白酒50克，乾辣椒100克，香料包（見P047）

◆ 泡製方法

1. 鮮豇豆淘洗乾淨，用出胚鹽水泡12小時後出胚撈出，晾乾附著的水份。

2. 新老泡菜鹽水調入川鹽、紅糖、白酒溶化後，加入乾辣椒、香料包攪拌均勻，灌入泡菜罈內。

3. 將出胚好、晾乾的豇豆挽成把狀，一層一層壓緊，放入香料包，再用青石壓緊（也可用竹篾片卡緊），確認食材都被泡菜鹽水淹過，蓋上罈蓋，摻足罈沿水，泡製約6～8天即可食用。

◆ 技術關鍵

1. 應選用實心的鮮細青豇豆，鮮白豇豆本身質地較鬆軟不適合做成泡菜，泡製後質地會變得軟爛。

2. 泡罈內可依喜好酌加高辣度的鮮小米辣椒，增加其辣香味。

3. 做好泡菜罈管理，泡好的豇豆可維持一年左右不變質，但泡久了味道將變重，會更適合做調料。

鄉壩頭農貿市場與集市。

經典菜品 05

泡豇豆炒肉末

成菜特點：色澤翠綠、入口脆爽、開胃下飯
味　　型：糊辣味
烹調技法：炒

◆ 原料
泡豇豆 200 克，豬肉末 75 克，鮮豇豆 150 克，鹽水 204 克（清水 200 克加食鹽 4 克），乾辣椒段 5 克，漢源花椒 1 克，食鹽 2 克，味精 2 克，雞精 1 克，沙拉油 50 克

◆ 做法
1. 新鮮豇豆洗淨瀝乾後切成 0.5 公分的顆粒狀，入碗內用鹽水浸泡 15 分鐘後，瀝乾鹽水備用。
2. 將泡豇豆切成 0.5 公分的顆粒狀，用清水淘洗一遍，瀝乾水份備用；
3. 鍋上火入沙拉油大火燒熱，放入豬肉末小火煵炒至出油，調入食鹽炒勻、散籽至乾香，起鍋瀝去多餘的油。
4. 鍋上火加入乾辣椒段、漢源花椒煵香，再放入泡豇豆、鮮豇豆粒炒香，下入炒乾香的豬肉末，調入味精、雞精翻炒入味，出鍋裝盤成菜。

◆ 美味關鍵
1. 豬肉末選用豬前夾肉（肩胛肉）成菜口感較為理想，煵炒第一次不宜炒的太乾，以免再繼續加熱過程中出油過多、過乾而影響成菜口感不夠滋潤。
2. 新鮮豇豆改刀後，用鹽水浸泡出鮮豇豆生澀的苦味，成菜會更加脆爽、入味。忌用開水燙煮熟後炒，成菜不乾香，軟綿多水，不爽口。

更多經典： 泡豇豆炒肉末、泡豇豆煵鯽魚

第三篇　經典川味泡菜

012 泡洋薑

特　　點：色微黃、鮮嫩香脆，食之無渣，可貯藏 30 個月左右
類　　型：速成型泡菜
食用方式：直接食用為主

◆ 原料

洋薑 5 公斤，出胚鹽水 5 公斤（見 P044），老泡菜鹽水 5 公斤（見 P045），川鹽 100 克，紅糖 50 克，白酒 50 克，乾辣椒 50 克，香料包（見 P047）

◆ 泡製方法

1. 洋薑洗淨，曬蔫後放入出胚鹽水盆中出胚約 2 天後撈出，晾乾附著的水份。

2. 老泡菜鹽水加入川鹽、紅糖、白酒、乾辣椒攪勻並充分溶化後裝罈內，放入洋薑，再將香料包放入，用竹篾片卡緊或用青石壓緊實。

3. 確認泡菜鹽水有淹過洋薑，即可蓋上罈蓋、添加罈沿水，泡製 7～8 天即可食用。

◆ 技術關鍵

1. 若偏好甜味，可在泡菜鹽水中加重紅糖，從 50 克增加為 2 公斤（比例為洋薑 5：紅糖 2）。

2. 若喜歡辣味，可在泡菜鹽水中加重紅小米辣椒或乾辣椒，從 50 克增加為 500 克（比例為洋薑 10：辣椒 1）。

3. 泡洋薑表面凹凸不平，泥沙必須洗淨。

4. 泡製期間應每日定時檢視罈沿水是否足夠、是否髒污，適時添加或是更換罈沿水，做好泡菜罈管理就能長時間儲存貯存，隨取隨用。

成都市崇州區羊馬河銀杏林。

013 泡青菜頭

特　　點：色澤乳白，脆嫩清香，味鹹微辣
類　　型：速成型泡菜
食用方式：直接食用或作為菜餚的輔料

「青菜」是川渝地區對芥菜的稱呼，青菜頭則是一種莖用芥菜的莖部，又名芥菜頭，皮厚但質地細嫩爽口，含水量高，川人更常稱之為「棒菜」。

◆ 原料
青菜頭5公斤，出胚鹽水4公斤（見P044），老泡菜鹽水4公斤（見P045），川鹽125克，紅糖50克，醪糟汁50克，乾辣椒100克，香料包（見P047）

◆ 泡製方法
1. 青菜頭去皮洗淨，入出胚鹽水中出胚約2小時撈出，晾乾水份。
2. 老泡菜鹽水加入川鹽、紅糖、醪糟汁、乾辣椒調勻後入罈，放入青菜頭，加入香料包，用青石壓實，或用篾片卡緊。泡約3到5天即可食用。

◆ 技術關鍵
1. 可用紅油辣椒或乾辣椒末拌食味更佳。
2. 如喜歡甜味，改味泡法可參見泡仔薑。
3. 若青菜頭較大，應對剖成兩半泡製，才能泡熟（泡透、充分入味），若時間較緊，也可切條、丁泡，只需4～5小時即可食用。
4. 因青菜頭較厚實，出胚鹽水宜稍鹹一點為佳。

據考證，自貢市榮縣土陶產業歷史有2000多年，主產泡菜罈、酒罈、發酵缸等日用陶及藝術文創陶等。圖為榮縣土陶創意園的藝術文創陶展示空間。

經典菜品 06
碎肉炒泡青菜頭

成菜特點：入口脆爽、開胃，非常適宜下飯
味　　型：家常味
烹調技法：炒

Sichuan
paocai

◆ 原料
泡青菜頭 350 克，豬肉末 100 克，乾辣椒段 5 克，乾紅花椒 1 克，蔥花 5 克，醬油 3 克，味精 2 克，雞精 1 克，沙拉油 50 克

◆ 做法
1. 青菜頭撈出切成 0.5 公分的小丁備用。
2. 鍋上火，入沙拉油燒熱，下入豬肉末小火慢慢炒散至出油，控去多的餘油。
3. 加入醬油煸炒上色入味後，放入乾辣椒段、乾紅花椒炒出煳辣香味。
4. 下入泡青菜頭小丁，翻炒均勻，用味精、雞精調味，炒勻後出鍋裝盤成菜。

◆ 美味關鍵
1. 泡青菜頭選用冬至後的青菜頭泡製，口感更脆爽。
2. 泡青菜頭的泡製時間以斷生後 1～2 天效果為佳。泡製時間太短有生澀苦味，泡製時間太長成菜口感脆爽度下降，影響成菜效果。

更多經典：泡青菜頭炒肉絲、紅油拌泡青菜頭

013 泡胡蘿蔔

特　　點：色澤紅脆，鹹酸微辣
類　　型：速成型泡菜
食用方式：直接食用或拌食

◆ 原料

胡蘿蔔 500 克，川鹽 20 克，乾辣椒 5 克，新老泡菜鹽水 500 克（見 P045），白酒 5 克，醪糟汁 2 克，紅糖 5 克，八角 1 小塊，花椒 1 克，大蒜 5 克

◆ 泡製方法

1. 選新鮮胡蘿蔔，晾曬至稍蔫，切粗條，洗淨後用約 5 克鹽將胡蘿蔔醃製出胚約 5 小時後，瀝乾水份備用。
2. 將川鹽 15 克、乾辣椒、白酒、醪糟汁、紅糖、八角、花椒、大蒜與新老泡菜鹽水調勻且鹽、糖充分溶解後放入玻璃罈子內，泡製 1 天左右即可食用。

◆ 技術關鍵

1. 此為洗澡泡菜做法，泡製時可加入適量的泡小米辣椒，泡好後可直接食用。
2. 若想泡製較長時間，胡蘿蔔就不要改刀切粗條，直接整條胡蘿蔔泡製，且應選用土罈泡製，即可泡製貯存 3 個月以上。

015 泡茄子

特　　點：皮脆肉嫩，味鹹酸微辣
類　　型：當年型泡菜
食用方式：直接食用、拌食或作為菜品輔料

這道泡茄子以川西地區特有品種「竹絲茄」為最佳選擇，做成泡茄子後皮脆肉嫩的口感優於多數茄子品種，若沒有竹絲茄可以其他長條形茄子替代。

竹絲茄因果皮淺綠帶紫色絲紋而得名，具有皮薄、籽少、肉質細嫩、味甜等特點，是少數可以生吃的茄子品種，成都天府新區「煎茶竹絲茄」品種於 2017 年獲評為地理標誌產品。

◆ 原料

竹絲茄 5 公斤，老泡菜鹽水 5 公斤（見 P045），川鹽 125 克，白糖 50 克，白酒 50 克，乾辣椒 250 克，醪糟汁 50 克，大蒜 50 克，香料包（見 P047）

◆ 泡製方法

1. 選新鮮、無傷痕的茄子洗淨，莖把修至約 2 公分長，晾乾、曬蔫水份。
2. 老泡菜鹽水加入川鹽、白糖、白酒、乾辣椒、醪糟汁調勻後裝入罈內。
3. 放入曬蔫茄子，加入大蒜、香料包，用青石壓實或用篾片卡緊，蓋上罈蓋，摻足罈沿水，泡製發酵約 15～20 天即可食用。

◆ 技術關鍵

1. 製作泡茄子應選大小均勻、新鮮的長條形茄子為宜。
2. 泡茄子加大蒜，成品味道才香。
3. 泡茄子泡熟後，做好泡菜罈管理，可貯存一年。

川西特有品種「竹絲茄」。

川菜地區農貿市場裡散賣的泡菜以做為調料用的當年型或長年型泡菜為多。

016 泡甜椒

特　　點：質地脆爽，鹹香帶酸，餘味回甜，鮮如初摘
類　　型：速成型泡菜／洗澡泡菜
食用方式：直接食用

◆ 原料

大圓甜椒 5 公斤，川鹽 350 克，新老泡菜鹽水 5 公斤（見 P047），紅糖 125 克，紅小米辣椒 250 克，香料包（紗布袋裝入八角 5 克、白菌 50 克、排草 5 克、草果 5 克、花椒 5 克，綁緊袋口即可。）

◆ 泡製方法

1. 選新鮮、堅實、肉質厚、無傷痕的大圓甜椒，洗淨、剪去莖柄，晾乾水份備用。
2. 先將甜椒裝入泡菜罈內填實裝勻，裝至一半時放入香料包，再繼續裝完原材料，最後在面上蓋一層紅小米辣椒，用竹篾片卡緊或用乾淨青石壓緊。
3. 將川鹽、新老泡菜鹽水、紅糖攪勻後入罈，蓋上罈蓋加上罈沿水發酵 30 天，夏天可適度縮短 3 到 7 天，即可使用。

◆ 技術關鍵

1. 甜椒應採乾裝罈法裝罈，即先將乾料裝入泡菜罈內，裝好後用竹篾片卡緊或用青石壓緊，再灌入鹽水，因甜椒質地較輕且中空，容易漂於水面，先灌鹽水就不好裝罈，一個罈子能泡的量就少。
2. 甜椒應選用質地厚實、硬朗的做為原料，否則成菜影響口感的脆爽。
3. 若不吃辣，可於甜椒入罈後，上面用苦瓜、豇豆代替小紅辣椒，以便於卡緊，沒卡緊容易發生甜椒浮到水面上致使發酵過程中甜椒吸水不夠均勻而影響品質。

重慶榮昌區安富街道的陶藝創意園區「安陶小鎮」，安富街道前身為「安富鎮」是中國四大名陶——安陶的發源地。

017 泡蘿蔔

特　　點：色微黃，嫩脆鮮香，可貯存一年以上
類　　型：長年型泡菜
食用方式：作為輔料、配料入菜

Sichuan paocai

◆ 原料
圓根白蘿蔔 5 公斤，出胚鹽水 5 公斤（見 P044），老泡菜鹽水 4 公斤（見 P045），川鹽 125 克，紅糖 35 克，白酒 100 克，醪糟汁 25 克，乾辣椒 100 克，香料包（八角 5 克、白菌 50 克、排草 5 克、草果 5 克及花椒 5 克裝入乾淨紗布袋，綁緊袋口即成。）

◆ 泡製方法
1. 圓根白蘿蔔去掉蘿蔔頭和根鬚，洗淨後晾曬至蔫。
2. 將曬蔫圓根白蘿蔔下入出胚鹽水中泡頭道，出胚約 4 天即可撈出。
3. 老泡菜鹽水調入川鹽、紅糖、白酒、醪糟汁、乾辣椒調勻、溶化後倒入罈內。
4. 放入出胚好的圓根白蘿蔔及香料包，蓋上罈蓋，摻足罈沿水，泡六個月以上即可食用。
5. 泡製一年以上就是乳酸味濃郁的陳年泡酸蘿蔔，管理到位可儲存二到三年。

◆ 技術關鍵
1. 選新鮮、質地細嫩、不空花的圓根蘿蔔。（空花意指蘿蔔出現過老、蓬心或黑心的劣質現象，地方俗稱「長布」，蘿蔔表皮開始起網狀紋理。）
2. 蘿蔔如果太長、太大，可切兩半入罈。
3. 若是要久泡成泡酸蘿蔔，泡製過程應定時清理、更換罈沿水，每 7～10 天檢查泡菜鹽水的量及滋味，依實際情況、需求酌加鹽水、佐料。更多管理技巧見 PXXX。

圓根白蘿蔔。

經典菜品07
酸蘿蔔老鴨湯

成菜特點：湯色透亮、鴨肉細膩、湯鮮味美
味　　型：鹹鮮酸湯味
烹調技法：燉

◆ 原料

理淨小麻鴨1只（約重800克），老罈酸蘿蔔（泡蘿蔔）100克，漢源花椒10粒，生薑片5片，大蔥3段，食鹽2克，味精3克，雞精3克，化雞油30克

◆ 做法

1. 將理淨小麻鴨的內臟、腳指甲處理乾淨，在清水中浸泡2小時去淨血水。
2. 老罈酸蘿蔔改刀切成大一字條狀，用清水淘洗一遍，瀝水備用。
3. 鍋入水上火，放入鴨子大火煮沸，轉中火煮約5分鐘至熟透，撈出放入涼水中沖洗乾淨備用。
4. 取淨炒鍋加入化雞油，以中火燒熱，放入漢源花椒、薑片、蔥段、老罈泡蘿蔔條煸炒乾水份並出香後，出炒鍋倒入砂鍋中，放入洗淨的鴨子，加入純淨水約2公升。
5. 砂鍋置於爐上，開大火煮沸後轉小火燉約3小時，調入食鹽、味精、雞精，用小火繼續燉30分鐘後關火成菜。

◆ 美味關鍵

1. 從罈子裡撈出來的老罈酸蘿蔔，改刀後一定要根據泡蘿蔔的鹹淡，用清水淘洗，適度退鹽，以免影響成菜湯的味覺口感！過度退鹽湯水沒滋沒味，退鹽不足鹹味過重難以入口。
2. 若想讓酸蘿蔔帶有脆爽口感，可根據鴨子的肉質老嫩，決定放酸蘿蔔條入鍋的時間；酸蘿蔔一般入鍋燉製在1～2小時可得到較佳的口感效果，在鍋中燉的太久，酸蘿蔔口感變得軟炘，沒有吃頭，不好吃。
3. 根據湯的底味鹹淡，確定最後調味是否放鹽，否則影響成菜口感。

泡菜言子

麻鴨，四川地方品種，個小、脂肪少、肉質細而香是其特點，脂肪少做成烤鴨就口感偏柴，不夠滋潤，太小隻也不適合片皮食用，川菜地區因應這特點衍生出「冒烤鴨」這一烤好後，食用前再進滷水冒燙一下的地方特色吃法。

經典菜品 08

泡蘿蔔爆鴨丁

成菜特點：質地滑嫩，入口脆爽，開胃提神
味　　型：泡椒家常味
烹調技法：炒

◆ 原料
白條鴨胸肉 300 克，泡蘿蔔 200 克，青二荊條辣椒 50 克，泡薑 50 克，食鹽 1 克，醬油 1 克，料酒 10 克，味精 2 克，雞精 1 克，白糖 1 克，太白粉水 30 克，沙拉油 50 克

◆ 做法
1. 將白條鴨鴨胸肉切成 0.5 公分大小的丁，用食鹽、料酒、太白粉水碼味上漿備用；泡蘿蔔切成 0.5 公分的丁；青二荊條辣椒切成 0.5 公分的圈。
2. 鍋入沙拉油大火燒熱，下入碼味後的鴨肉丁炒散，再下入泡蘿蔔丁、青二荊條辣椒圈炒香至熟。
3. 下入味精、雞精、白糖調味炒勻，出鍋裝盤成菜。

◆ 美味關鍵
1. 最好選用鴨胸肉，鴨腿肉筋較多，成菜口感較不協調。
2. 泡蘿蔔可以改用泡紅皮白蘿蔔、泡胡蘿蔔，也可以幾種顏色的蘿蔔一起混用。
3. 此菜為家常小炒菜餚類，多用於佐飯開胃，在鍋內高溫加熱炒勻、炒透就是美味菜餚。

018 泡蘿蔔纓

特　　點：色鮮色鮮紅，質嫩脆，鹹辣酸香
類　　型：速成型泡菜
食用方式：多是直接食用，也可作為輔料、配料入菜

◆ 原料

蘿蔔纓 500 克，新泡菜鹽水 500 克（見 P046），川鹽 15 克，料酒 5 克，鮮紅辣椒 50 克，紅糖 10 克，白酒 15 克，大蒜 25 克，香料包（見 P047）

◆ 泡製方法

1. 選鮮紅、質嫩、無黑點的紅皮蘿蔔纓，摘去葉子洗淨，晾曬乾水份至蔫。鮮紅辣椒洗淨晾乾，備用。
2. 將川鹽、料酒、紅糖及白酒下入新泡菜鹽水中溶化、調勻後裝入陶瓷泡菜罈或玻璃罐內。
3. 放入曬蔫蘿蔔纓、晾乾紅辣椒、大蒜，加入香料包，以竹篾子或青石壓緊，泡製約 1～2 天即成。

◆ 技術關鍵

1. 選用紅皮蘿蔔的纓，成品色澤、滋味、口感效果具佳。
2. 此泡法屬於洗澡泡菜的泡製方法，不可用土罐子泡，應選瓷的泡菜罈、玻璃泡菜罈、玻璃密封罐或其他瓷質、玻璃質的可密閉容器。
3. 若泡純粹的簡易洗澡蘿蔔纓，泡菜鹽水可用泡小米辣椒鹽水調製，一般 500 克老泡菜鹽水加 150 克泡小米辣椒鹽水及 100 克泡小米辣椒調勻即成洗澡泡菜鹽水，下入蘿蔔纓泡製約 4～5 小時即可。多數根莖蔬菜也可用此洗澡泡菜鹽水來製作洗澡泡菜。
4. 泡蘿蔔纓使用前應擠乾水份，最適合切顆粒後熗炒，是佐餐下飯佳品。

作者舒國重到成都市郫都區高家生態農園采風。

經典菜品09
纓花爆黃喉

成菜特點：色澤豔麗，入口脆爽，酸香開胃
味　　型：泡菜家常味
烹調技法：炒

◆ 原料
豬黃喉300克，泡蘿蔔纓200克，青二荊條50克，乾辣椒段5克，花椒1克，蒜苗30克，味精2克，雞精1克，白糖1克，花椒油1克，香油1克，沙拉油1000克（耗用80克）

◆ 做法
1. 將豬黃喉剞成佛手花刀形。泡蘿蔔纓切成1公分的小節，蒜苗、青二荊條切成0.5公分的圈備用。
2. 鍋上火，下入沙拉油，以大火燒至近七成熱（約200°C），將黃喉放入鍋中快速推勻，斷生後出鍋瀝油。將鍋中油倒出，留作他用。
3. 鍋中留適量底油，中大火燒熱，下入乾花椒、乾辣椒段，炒出煳辣香後加入泡蘿蔔纓、黃喉一起翻炒均勻至熟透。用味精、雞精、白糖、花椒油、香油調味，炒勻、出鍋，裝盤成菜。

◆ 美味關鍵
1. 此菜也可以用牛黃喉代替，但最好選用豬黃喉，豬黃喉色澤更白、更加脆爽，成菜口感較佳。
2. 泡蘿蔔纓選擇泡製1～2天的脆爽口感最佳，泡製時間長了，就失去脆爽口感。
3. 乾辣椒、花椒入鍋的油溫一定要足夠，才能激發煳辣香味融入到黃喉、泡菜內，食用時口味才夠香醇厚重。

更多經典：熗炒蘿蔔纓，纓花雞米

019 泡白花藕

特　　點：色澤色澤微黃，質鮮嫩脆，可貯藏3個月左右
類　　型：速成型泡菜
食用方式：直接食用

◆ 原料
鮮嫩白花藕5公斤，出胚鹽水5公斤（見P044），川鹽50克，紅糖50克，老泡菜鹽水5公斤（見P045），白菌25克

◆ 泡製方法
1. 鮮嫩白花藕洗淨，從藕節處切段，使切口不露孔，保持封閉狀。
2. 藕節下入出胚鹽水中出胚2天後撈出，晾乾附著水份。
3. 老泡菜鹽水調入川鹽、紅糖溶化，加入白菌調勻後裝入罈內，放入藕節，用青石壓緊或篾片卡緊，蓋上罈蓋，摻足罈沿水，發酵泡製約8～10天即可食用。

◆ 技術關鍵
1. 如果要甜味重，可加冰糖150～200克。
2. 若貯存泡製時間長，應定時更換罈沿水，同時經常揭罈檢查泡菜鹽水滋味，適時酌加佐料。

020 泡芋仔

特　　點：色灰色灰褐，鹹酸鮮脆，可貯存半年左右
類　　型：當年型泡菜
食用方式：直接食用

在川渝，芋仔多指中小型芋頭，又稱芋艿，川西百姓更是偏愛煮熟後口感綿軟芋兒小芋頭，成書於晉朝（266年~420年）的《廣志》中就記載蜀地曾盛產芋頭，蜀人以芋頭為主食。

泡芋兒是一到傳統的美味泡菜，早期常見百姓餐桌，時代發展到今日反而少見，探究其歷史卻意外的悠久，東魏（534年~550年）成書的《齊民要術》有『崔寔曰：「正月，可菹芋。」』的泡漬芋頭記載，或許泡芋頭這一美味曾在歷史長河中遺落，幸運的是在近代又悄然出現蜀地，默默愉悅人們的味蕾。

◆ 原料

芋仔5公斤，出胚鹽水5公斤（見P044），老泡菜鹽水5公斤（見P045），川鹽150克，紅糖50克，乾辣椒100克，香料包（見P047）

◆ 泡製方法

1. 將大小均勻的芋兒去掉粗皮，洗淨，出胚鹽水加入川鹽100克攪勻，下入去皮洗淨的芋兒出胚6天左右，撈出晾乾附著的水份。
2. 老泡菜鹽水加入川鹽50克、紅糖、乾辣椒調勻後裝入泡罈內，放入出胚好的芋兒，加入香料包，用重物壓實（青石或篾片卡緊）。
3. 蓋上蓋子，摻足罈沿水，泡約30~40天左右即可食用。

◆ 技術關鍵

1. 應選擇質地緊實細膩的芋仔，泡好後口感才細緻脆爽。
2. 芋仔本身厚實因此出胚時的鹽味應略重一些，出胚時間也較長。

021 泡大蒜

特　　點：色澤醬黃，鮮脆鹹香，辣中帶甜，可貯藏 1 年以上
類　　型：當年型泡菜
食用方式：以直接食用為主

◆ 原料
大蒜 5 公斤，新泡菜鹽水 3 公斤（見 P046），川鹽 600 克，紅糖 60 克，白酒 50 克，乾辣椒 50 克，香料包（見 P047）

◆ 泡製方法
1. 選新鮮大蒜去除外表粗皮，掰成瓣狀，洗淨後瀝水放入盆中，下入川鹽 500 克、白酒 40 克拌勻，連盆移至衛生陰涼處，以蓋子或保鮮膜蓋住，靜置醃製 8～10 天左右，期間每 2 天翻勻一次。
2. 新泡菜鹽水中加入川鹽 100 克、紅糖、白酒 10 克、乾辣椒調勻後灌入罈內。
3. 將出好胚的大蒜從盆中撈出，瀝乾水份後放入罈內，加入香料包，蓋上罈蓋，摻足罈沿水，泡約 30 天左右即成。

◆ 技術關鍵
1. 應選擇新鮮的大蒜為佳。
2. 可將紅糖換成冰糖，成品色澤潔白晶瑩。
如喜食甜味或甜酸味，做法如泡仔薑，在鹽水中加重紅糖或冰糖份量成「甜蒜」或不用泡菜鹽水，改用糖、醋調製泡製用的糖醋水即可泡成「泡糖醋蒜」。
3. 久貯泡大蒜，應做好泡菜罈的衛生管理，同時大約每半個月檢查一次泡菜鹽水的量及滋味，酌情加鹽水或佐料，最長可貯存約 18 個月。

許多川菜菜品都重用薑蔥蒜，其種植普遍規模較大。圖為大蒜田。

紅糖換成冰糖泡製的泡大蒜也十分誘人。

022 泡苤藍

特　　點：菜色黃白，鹹酸脆嫩，可貯藏約半年
類　　型：當年型泡菜／速成型泡菜
食用方式：食用方式：以直接食用為主

◆ 原料

苤藍 5 公斤，出胚鹽水 5 公斤（見 P044），老泡菜鹽水 5 公斤（見 P045），川鹽 50 克，白酒 50 克，白糖 100 克，醪糟汁 50 克，乾辣椒 250 克，香料包（見 P047）

◆ 泡製方法

1. 整顆鮮苤藍去粗皮、洗淨，入出胚鹽水中出胚 2～3 天撈出，晾乾附著的水份。
2. 老泡菜鹽水加入川鹽、白酒、白糖、醪糟汁、乾辣椒調勻、溶化後裝入罐內。
3. 出好胚的苤藍放入罐中，加入香料包，用重物壓緊（篾片卡緊或青石壓緊），蓋上罐蓋，摻足罐沿水，泡製 12～15 天，食用時改刀成小塊、丁或片裝盤即成。
4. 做好泡菜罐管理，可貯藏約半年（180 天）。

◆ 技術關鍵

1. 苤藍又名大頭菜，去皮後應避免碰損，不可切破，需完整入罐，成品口感才佳。
2. 不要選用質老粗纖維多的苤藍泡製，成品依舊質老粗纖維多。
3. 若想快速吃，可將上述做法改為洗澡泡菜做法即可，一般製作量也較少，上述各原料的用量可按比例減少，香料部分可不加。製作時可將去皮苤藍切小塊、小片，出胚時間只要 3～4 小時，瀝乾後下入上述調料調製好的泡菜鹽水泡製 24 小時即可食用。改為洗澡泡菜後就不適合長時間儲放，盡可能在二三天內食用完畢。

成都彭州市是全國五大商品蔬菜種植區之一，據公開資訊顯示，彭州年種植面積約 4.47 公頃（約 67 萬畝），多達 200 多個品種。圖為成都彭州蔬香大道兩旁的標準化蔬菜種植田。

023 泡紅皮蘿蔔

特　　　點：色澤胭脂紅，脆嫩鹹酸，微辣爽口
類　　　型：速成型泡菜／當年型泡菜
食用方式：直接食用，也可作為輔料

紅皮蘿蔔在四川地區為季節性很強的蘿蔔品種，皮色鮮紅，肉為白色，口感細緻爽脆，在川渝最常用於製作泡紅皮蘿蔔，不論是吃原味還是搭紅（即拌入紅油），都爽口而美味，特別下飯；本身辛辣感較低，也常涼拌生吃。

因紅皮蘿蔔的紅皮色素在泡製過程中會溶到鹽水中，再染到食材上，而讓原本淨白的食材帶上討喜的嫩粉紅色，巴蜀人家也喜歡在泡製各種本色淨白食材的洗澡泡菜時加入紅皮蘿蔔一起泡。

◆ 原料

紅皮蘿蔔5公斤，出胚鹽水5公斤（見P044），老泡菜鹽水2.5公斤（見P045），新泡菜鹽水2.5公斤（見P046），川鹽120克，白酒50克，紅糖85克，乾辣椒50克，大蒜50克，香料包（見P047）

◆ 泡製方法

1. 新鮮紅皮蘿蔔削去蘿蔔纓及根鬚後，晾曬至稍蔫，洗淨後入出胚鹽水中出胚約1天，撈出瀝乾附著的水份。
2. 將老泡菜鹽水、新泡菜鹽水裝入罈內，加入川鹽、白酒、紅糖溶化，放入乾辣椒攪勻。
3. 放入出好胚的紅皮蘿蔔，加入香料包和大蒜，用青石壓緊實，蓋上罈蓋，摻足罈沿水，泡製3天左右即可食用。
4. 做好泡菜罈管理，貯存泡製超過三個月就可算是當年型泡菜，較適合作調輔料，最長可貯存泡製約12個月。

◆ 技術關鍵

1. 泡紅皮蘿蔔如果要久貯，應做好泡菜罈的衛生管理，同時大約每半個月檢查一次泡菜鹽水的量及滋味，酌情加水或佐料。
2. 喜歡甜味明顯的，可按口味偏好加重糖的份量。

眉山泡菜企業的埋入式非物質文化遺產泡菜廠間。

經典菜品 10
蒜苗炒泡蘿蔔

成菜特點：紅綠相間、酸香開胃、佐飯神器
味　　型：泡菜家常味
烹調技法：炒

Sichuan
paocai

◆ 原料
泡紅皮蘿蔔 350 克，蒜苗 75 克，乾紅花椒 1 克，乾辣椒段 3 克，味精 2 克，雞精 1 克，沙拉油 50 克

◆ 做法
1. 泡紅皮蘿蔔切成 0.5 公分的丁，蒜苗選用中段，切成 0.5 公分的顆粒狀。
2. 鍋入沙拉油大火燒熱，下入乾紅花椒、乾辣椒段熗香，馬上加入泡蘿蔔丁急火快炒均勻。
3. 以味精、雞精調味，再加入蒜苗顆粒一起炒勻、炒透，出鍋裝盤成菜。

◆ 美味關鍵
1. 選用泡製時間在 3～7 天的泡紅皮蘿蔔，質地脆爽，泡菜特有的乳酸香也足，成菜滋味口感具佳。
2. 此菜品屬於家常的佐飯菜，吃一個酸爽開胃，因此此菜主料也可以選用泡青菜幫、泡胡蘿蔔等脆性原料泡菜。

經典菜品 11
酸蘿蔔絲煮大蝦

成菜特點：大蝦紅亮、酸辣開胃、爽口提神
味　　型：酸辣味
烹調技法：炒、燉

◆ 原料

基圍蝦 400 克，泡紅皮蘿蔔 200 克，泡薑絲 10 克，小蔥 10 克，泡野山椒 10 克，食鹽 2 克，味精 2 克，雞精 1 克，白糖 2 克，白醋 5 克，高湯 500 克，化雞油 50 克

◆ 做法

1. 選用鮮活、無黑頭的基圍蝦，洗淨後備用。小蔥切成 3 公分的寸節；泡紅皮蘿蔔切成 8～10 公分長的二粗絲備用。
2. 鍋上火入化雞油燒熱，放入泡紅皮蘿蔔絲、泡薑絲、泡野山椒大火煸香，接著加入高湯大火燒沸後轉小火熬 5 分鐘。
3. 下入基圍蝦，小火燉煮 3 分鐘，用食鹽、白糖、雞精、味精、白醋調味後關火，加入小蔥節攪勻即可出鍋裝盤成菜。

◆ 美味關鍵

1. 不宜用死蝦，成菜顏色及口感不佳。
2. 酸蘿蔔絲不宜在鍋中燉煮時間過長，會使得口感不脆爽。
3. 這道菜一定要用湯，如：高湯、雞湯等都行。熬湯時用清水就無法獲得湯鮮味美的滋味。
4. 不吃辣的可不加野山椒，適度減少白醋的用量，滋味就改為鮮酸味。

024 泡芥子

特　　點：酸鮮嫩脆，香氣獨特
類　　型：當年型泡菜
食用方式：直接食用，也可作為輔料。

「芥子」是川渝地區對苦薃（音同笑）的俗稱，學名「薤（音同謝）白」，為百合科多年生草本植物，有著與韭菜相似的細長葉，但葉子中空，一般取鱗莖（即苦薃）及嫩葉入菜，這裡介紹的應用菜品「苦薃燉鴨掌」是出了名的四川名菜。

新鮮芥子有獨特氣味且滋味辛辣沖鼻、帶微苦，是傳統五辛之一，辛辣感在煮熟後就消失，滋味清爽微甜，但獨特氣味仍在，屬於好惡兩極的根莖菜。

◆ 原料

芥子 5 公斤，出胚鹽水 5 公斤（見 P044），老泡菜鹽水 5 公斤（見 P045），川鹽 250 克，紅糖 75 克，白酒 75 克，醪糟汁 50 克，香料包（見 P047）

◆ 泡製方法

1. 芥子去除根鬚和莖、皮後洗淨，入出胚鹽水中浸泡 1 天出胚，撈出後晾乾附著的水份。

2. 老泡菜鹽水加入川鹽、紅糖、白酒、醪糟汁調勻後裝入泡罈內。

3. 放入出好胚的芥子，加入香料包，用青石壓實或用篾片卡緊，確保食材都在鹽水裡。蓋上罈蓋，摻足罈沿水，泡製 3～4 天即可食用。

4. 泡製 30 天以上才達當年型泡菜的風味要求。

◆ 技術關鍵

1. 芥子（苦薃）屬山野菜類，外形如同「大蒜」，但個頭較圓、較小，宜泡製食用。

2. 芥子要泡出鮮香味才能久貯，做好泡菜罈管理，最多可貯存長達一年。

成都青羊宮深秋風情。

經典菜品 12
苦蕎燉鴨掌

成菜特點：湯色透白、湯鮮味美、質地香糯、苦蕎風味濃
味　　型：酸辣味
烹調技法：燉

◆ 原料
去大骨鮮鴨掌 400 克，鮮苦蕎 100 克，泡苦蕎 100 克，泡小米辣 30 克，味精 2 克，雞精 1 克，純淨水 1000 克，化雞油 50 克

◆ 做法
1. 去大骨鮮鴨掌去腳指甲洗淨，入冷水鍋中大火煮沸，打去血末煮 5 分鐘後，撈出放入涼水中沖涼備用。
2. 鍋入化雞油大火燒熱，放入泡苦蕎、泡小米辣以中火炒香，加入純淨水燒沸後，連湯帶料倒入砂鍋中，放入鴨掌小火燉 1.5 小時。
3. 接著加入鮮苦蕎，以小火繼續燉 1 小時，最後以味精、雞精調味即成。

◆ 美味關鍵
1. 鴨掌選用新鮮、去大骨、去腳指甲、無血斑塊為佳。
2. 泡苦蕎主要起提味增鮮，先炒一下可讓湯味更加鮮美。
3. 後面第二次下的鮮苦蕎燉熟至爛，才能與鴨掌成菜熟爛程度口感保持一致。
4. 步驟 3 調味時，應根據湯的鹹淡口味決定是否再加適量的鹽，因泡苦蕎及泡小米辣本身就有鹽味。

第三篇　經典川味泡菜

111

025 泡兒菜

特　　點：色澤淡黃，質地脆嫩可口
類　　型：速成型泡菜
食用方式：直接食用，也可作為菜品輔料

兒菜是青芥菜頭的一種，學名「抱子芥」，四川是原產地，常見俗名有抱兒菜、超生菜，少數地方稱之為人參菜，是川西平原冬季盛產的一種蔬菜，四川南充市最早經濟規模種植，因此有些地方稱之為「南充菜」，最常泡製而食，鹹鮮酸爽、脆嫩可口。

新鮮兒菜也可直接入菜，炒、燴、涮、涼拌、作湯皆可，爽口的滋味與質地深受川渝百姓喜愛。

◆ 原料
兒菜 500 克，老泡菜鹽水 500 克（見 P045），川鹽 60 克，紅糖 15 克，白酒 5 克，鮮紅小米辣椒 15 克，花椒 1 克，八角 2 克，大蒜 15 克

◆ 泡製方法
1. 將兒菜洗淨，晾曬稍蔫後裝入盆中，將川鹽 50 克撒在兒菜上和勻醃製出胚 1 天。
2. 將川鹽 10 克、紅糖、白酒、鮮紅小米辣椒、花椒放入老泡菜鹽水中調勻後灌入泡菜罈，再將兒菜放入，最後放入八角、大蒜，用篾片卡緊，確保鹽水淹過兒菜，蓋上蓋，摻入罈沿水，泡製約 2～3 天即可食用。

◆ 技術關鍵
1. 此菜也十分適合洗澡泡菜法泡製，一般至少泡 1～2 天，整體口感味道才佳。
2. 此泡菜不宜長久貯存泡製，控制半年以內較好，久了口感不佳、變軟，同時沒了鮮爽感。

眉山泡菜企業多使用土陶噸罈大規模泡製泡菜，靜置發酵的廠間寬敞、陰涼、整潔，冬季則充分利用空間，晾滿季節食材榨菜頭，進行脫水出胚以便後續醃泡。

026 泡甜蒜薹

特　　點：色青黃，甜脆香，頗具風味，可貯存1年
類　　型：速成型泡菜
食用方式：直接食用或作為菜品輔料

◆ 原料

蒜薹2公斤，出胚鹽水2公斤（見P044），新老泡菜鹽水1500克（見P045），紅糖200克，白糖300克，川鹽100克，乾辣椒40克，醋350克，白酒20克，白醬油50克，香料包（見P047）

◆ 泡製方法

1. 選用當季的新鮮蒜薹，去鬚尾並洗淨、瀝乾，攤開曬蔫後入出胚鹽水出胚約4～5天，撈出晾乾附著水份。
2. 新老泡菜鹽水加入紅糖、白糖、川鹽、乾辣椒、醋、白酒、白醬油調勻裝入罈內，把蒜薹挽成把狀，逐把入罈。
3. 最後放入香料包，用青石壓緊或篾片卡緊，蓋上罈蓋，摻足罈沿水，泡製約半個月以後即成。期間應做好罈沿水的替換管理。

◆ 技術關鍵

1. 此菜可大批量泡製，久貯不變，管理得當，可貯存一年左右。
2. 此泡菜可改為鹹酸微辣的風味，只需去掉原料中的白糖、白醬油、醋即可，其他做法流程都一樣。

第三篇　經典川味泡菜

成都雙流彭鎮老街仍保有大量老建築，其中的老茶館更是穿越時空般的存在，到了假日人潮聚集。

113

027 泡芹菜心

特　　點：清脆芳香，爽口宜人
類　　型：速成型泡菜
食用方式：直接食用

◆ 原料

芹菜心 500 克，出胚鹽水 500 克（見 P044），老泡菜鹽水 500 克（見 P045），川鹽 3 克，紅糖 3 克，乾辣椒 15 克，醪糟汁 3 克，白菌 3 克

◆ 泡製方法

1. 芹菜心去葉洗淨，攤開晾乾水份，入出胚鹽水約 2 小時後撈出瀝乾。
2. 老泡菜鹽水灌入小泡菜罈或深缸缽內，加入川鹽、紅糖、乾辣椒、醪糟汁調勻，放入芹菜心，加入白菌，泡約 2～3 小時即可食用。

◆ 技術關鍵

1. 芹菜心本身纖細，出胚鹽水和泡製鹹度均宜稍輕一些，避免稍微多泡些時間就過鹹。
2. 芹菜心最適合做成洗澡泡菜，但不宜久泡，容易變質。
3. 洗澡型泡菜應優先選用瓷質、玻璃或裡外都上釉的精製陶泡菜罈或容器，避免使用土陶製品，因洗澡泡菜的泡製時間短，土陶製罈子、缸缽有大量微細孔容易夾帶雜菌，無法通過足夠時間的發酵來抑制雜菌生長，對洗澡泡菜品質影響大，甚至可能敗壞。
4. 芹菜心質地細嫩，色澤淡黃，川渝又稱之為「芹黃」。

成都天府熊貓塔，成都人早期多稱之為電視塔，為西部最高塔，也曾是成都最高建築，集廣播與觀光於一體，上有觀景平台可 360 度俯瞰成都。

028 泡地蠶紐

特　　點：質嫩香脆，鹹辣爽口
類　　型：速成型泡菜
食用方式：直接食用

地蠶紐是學名為草石蠶植物的膨大根，因長得像個蠶蛹而得名，新鮮地蠶紐可以直接生吃，甘甜脆爽是許多農村小孩的回憶，也能做成菜。

地蠶紐原為一種鄉間野生植物，現已經成為蔬菜的一種，在各地推廣種植，市場上又稱地牯牛、地蠶、野珍珠、甘露子、寶塔菜、地蟲草，川渝地區喜歡在盛產的季節做成泡菜，再慢慢享用。

◆ 原料

地蠶紐 5 公斤，出胚鹽水 5 公斤（見 P044），老泡菜鹽水 5 公斤（見 P045），川鹽 250 克，紅糖 50 克，白酒 50 克，乾辣椒 500 克，醪糟汁 50 克，香料包（見 P047）

◆ 泡製方法

1. 選新鮮質嫩的地蠶紐洗淨，入出胚鹽水中泡製約 1 天左右（20 個小時以上）撈出，晾乾水份。
2. 將老泡菜鹽水加入川鹽、紅糖、白酒、乾辣椒、醪糟汁調勻後裝入罈內。
3. 放入出胚好的地蠶紐，加入香料包，用青石壓實或用多根篾片卡緊地蠶紐，不讓其浮到水面，蓋上罈蓋，摻足罈沿水，泡製 3～4 天左右即可食用。

◆ 技術關鍵

1. 若想吃帶甜的滋味，可將紅糖量增至 100 克以上，或加白糖 50 克以上，按口味偏好增加。
2. 做好泡菜罈管理，泡地蠶紐可貯存約 100 天左右。

川東達州市自古屬巴，從商到秦漢一直是巴人活動的核心區，有近 5000 年的考古史、2300 餘年的建制史，城區鄰近大巴山，州河穿城而過，早晨經常起霧，圖為州河在城區段沿岸晨曦及附近菜市場風請。

第三篇　經典川味泡菜

029 泡地瓜

特　　點：色白嫩脆，鹹辣味甜
類　　型：速成型泡菜
食用方式：直接食用或作為菜品輔料

四川人口中的地瓜就是豆薯，又名涼薯、地蘿蔔，是豆科多年生植物的一種根莖類蔬菜，與有著同樣別名「地瓜」的紅薯完全沒關係。

地瓜皮薄肉多汁，質地細嫩，色澤白淨，口感微甜，可以當水果吃，也可以涼拌、醃漬、熱炒、煮湯。

◆ 原料

地瓜 5 公斤，老泡菜鹽水 5 公斤（見 P045），乾辣椒 150 克，川鹽 250 克，紅糖 25 克，白酒 25 克，白菌 20 克

◆ 泡製方法

1. 選用新鮮的地瓜，去除莖、鬚、皮後，用刀對剖成兩半，放入流動清水中沖漂出漿汁，約 1 小時，撈起瀝乾水份。
2. 老泡菜鹽水加入乾辣椒、川鹽、紅糖、白酒、白菌調勻，灌入罈內。
3. 將瀝乾的地瓜放入罈中，蓋上罈蓋，摻足罈沿水，泡約 2 小時即成。

◆ 技術關鍵

1. 此泡菜是洗澡泡菜泡法，盡可能在二三天內吃完，不宜久泡，無法較長時間貯藏，泡久了會軟爛、發酸或敗壞。
2. 洗澡型泡菜應優先選用瓷質、玻璃或裡外都上釉的精製陶泡菜罈或容器，避免使用土陶製品。

經典菜品 13
泡地瓜炒兔丁

成菜特點：入口脆爽、滑嫩，甘甜而微辣
味　　型：家常味
烹調技法：炒

◆ 原料
淨兔肉 150 克，泡地瓜 200 克，青二荊條辣椒 50 克，泡青小米辣 50 克，食鹽 3 克，味精 2 克，雞精 1 克，胡椒粉 1 克，醬油 2 克，料酒 10 克，花椒 1 克，香油 2 克，花椒油 2 克，太白粉水 30 克，沙拉油 75 克

◆ 做法
1. 淨兔肉斬成 0.3 公分的小丁狀。用食鹽、醬油、料酒、胡椒粉、太白粉水碼拌均勻備用。青二荊條辣椒、泡青小米辣分別切成 0.5 公分的圈。
2. 泡地瓜切成 0.5 公分的小丁狀備用。
3. 鍋入沙拉油大火燒熱，下入碼味後的兔肉丁滑炒散，放入花椒、泡地瓜丁、泡青小米辣圈、青二荊條辣椒圈炒勻。
4. 以味精、雞精、香油、花椒油調味，炒均勻後即可出鍋裝盤成菜。

◆ 美味關鍵
1. 兔肉應選用新鮮、無血斑塊為宜。選用去骨後的淨兔肉更加方便食用。
2. 泡地瓜的泡製時間宜短不宜長，時間長了口感不佳。

位於成都南面天府新區的興隆湖溼地公園集防洪、生態、景觀於一體，周邊圍繞西部（成都）科學城、成渝綜合性科學中心等連成片，形成公園加城市的美麗地標。

030 泡蒜薹

特　　點：色澤微黃，脆嫩鹹香，爽口宜人，可貯一年左右
類　　型：速成型泡菜
食用方式：直接食用或作為菜品輔料

◆ 原料

蒜薹5公斤，出胚鹽水4公斤（見P044），老泡菜鹽水4公斤（見P045），川鹽125克，紅糖60克，白酒40克，乾辣椒50克，香料包（見P047）

◆ 泡製方法

1. 選新鮮無傷當季的蒜薹，去鬚尾洗淨，曬至稍蔫後，入出胚鹽水中泡製4～5天後出胚撈出，攤開晾乾水份。
2. 老泡菜鹽水加入川鹽、紅糖、白酒、乾辣椒，攪拌調勻後灌入罈內。
3. 將出好胚的蒜薹挽成把狀，逐個放入罈內壓緊，最後放入香料包，再用青石壓實或篾片卡緊，蓋上罈蓋，摻足罈沿水，泡製發酵約7～10天左右即可食用。

◆ 技術關鍵
1. 出胚時間一定要夠，若時間太短，蒜薹的特有的腥味太濃。
2. 泡蒜薹如果要久貯，應做好泡菜罈的衛生管理，期間約每半個月檢查一次泡菜鹽水的量及滋味，酌情加水或佐料，最長可貯存約一到三個月。

中國泡菜博物館位於四川省眉山市中國泡菜城內，完整展示泡菜歷史文化的廣度與深度，包含歷史、文化、生產、加工、傳承、創新、產品及體驗等區塊。

經典菜品 14
泡蒜薹炒肉絲
成菜特點：泡菜味濃、肉質滑嫩、佐飯佳餚
味　　型：家常味
烹調技法：炒

◆ 原料
泡蒜薹 150 克，泡甜椒 75 克，豬裡脊肉 150 克，食鹽 1 克，醬油 3 克，雞精 1 克，味精 2 克，胡椒粉 1 克，白糖 1 克，料酒 10 克，太白粉水 50 克，沙拉油 100 克

◆ 做法
1. 豬裡脊肉去筋，切成二粗絲，用食鹽、醬油、料酒、太白粉水 20 克上漿碼味備用。
2. 泡蒜薹切成 3 公分的節，泡甜椒切成二粗絲備用。
3. 鍋上火入沙拉油燒至六成熱，下入碼味後的肉絲炒散，再放入泡蒜薹節、泡甜椒絲炒勻。
4. 調入雞精、味精、胡椒粉、白糖、料酒、太白粉水 30 克，調味、收汁、炒勻，出鍋裝盤成菜。

◆ 美味關鍵
1. 蒜薹入泡菜罈內不宜泡製太久，一周左右效果較佳，泡製時間太長蒜薹味酸過重，蒜薹泡製時間過短有生澀的怪味。
2. 肉絲以二粗絲裝為宜，太粗、太細與蒜薹的粗細搭配比例不協調，影響成菜美觀。

031 泡青菜頭皮

特　　點：色澤清爽，脆口清香，鹹辣可口
類　　型：速成型泡菜
食用方式：直接食用或拌食

青菜頭即莖用芥菜的莖，川人喜稱之為棒菜，主要取莖的肉質部入菜。
川人善於化廢為寶，見削下的大量青菜頭皮，就想到利用泡菜法將原本要丟棄的皮變成一道可口下飯小菜，再次展現川菜文化中「邊角餘料的勝利」精神。

◆ 原料

大張青菜頭皮 250 克，老泡菜鹽水 350 克（見 P045），川鹽 10 克，紅糖 3 克，乾辣椒 25 克，白酒 3 克，大蒜 5 克，花椒 1 克，八角 1 克

◆ 泡製方法

1. 選大張新鮮的青菜頭皮，撕盡殘筋，洗淨後攤開曬蔫。
2. 老泡菜鹽水加入川鹽、紅糖、乾辣椒、白酒、大蒜、花椒、八角調勻裝入玻璃罈內。
3. 放入曬蔫青菜頭皮，用重物壓緊，蓋上罈蓋，摻足罈沿水，泡製 2～3 天即可食用。

◆ 技術關鍵

1. 青菜頭皮接近頭部的老皮不要選用，只要曬稍蔫即可，不宜曬至過乾。用此法也可泡製萵筍皮、花菜頭皮、苤蘭皮等。
2. 泡青菜頭皮屬於洗澡泡菜，應盡快食用，不可久貯。
3. 川菜地區常拌成紅油味食用，泡青菜頭皮切成適當塊狀，加適量紅油辣椒、味精、花椒油拌和即可。。
4. 洗澡型泡菜應選用瓷質、玻璃或裡外都上釉的精製陶泡菜罈或容器，避免使用土陶製品。

鄉鎮農村仍可偶遇的爆米花風情。

032 泡蓮白

特　　點：色白微黃，鹹辣脆香
類　　型：速成型泡菜
食用方式：直接食用、拌食或作為菜品輔料

蓮花白即高麗菜，植物學名為結球甘藍，原生於地中海，現在全球廣泛種植。其質地清脆，滋味爽口，是世界各地的「泡菜」、「醃漬菜」都喜用的食材。

川菜地區利用泡菜工藝將產季大量產出的蓮花白做成速成型泡菜貯存，在產季後能繼續享用。盛產的當下多做成泡幾小時就能享用的爽口洗澡泡菜，更能享受蓮花白的清鮮脆爽。

◆ 原料

蓮花白 5 公斤，老泡菜鹽水 4 公斤（見 P045），川鹽 125 克，白酒 25 克，紅糖 25 克，乾辣椒 75 克，香料包（見 P047）

◆ 泡製方法

1. 選新鮮無蟲點的蓮花白，洗淨瀝乾，每朵切成四瓣，曬蔫晾淨。
2. 老泡菜鹽水加入川鹽、白酒、紅糖、乾辣椒調勻裝入罈內，放入蓮花白，加入香料包，用重物壓實（或用篾片卡緊）。
3. 蓋上罈蓋，摻足罈沿水，泡製約 10 天左右即可食用。

◆ 技術關鍵

1. 蓮花白應曬得蔫一些，如此就不用出胚頭道鹽水。
2. 欲長時間貯存就應做好泡菜罈管理，每隔 3～5 天翻一次罈，確認鹽水滋味，酌情添加佐料，可貯存約 100 天。
3. 若是要泡成洗澡泡菜來食用，則只要泡三至六小時即可食用，一般小量製作，入罈前應將蓮花白切小片或絲，利於泡熟。巴蜀地區食用時多吃本味或添加白糖、味精、紅油辣椒等調味料拌勻後食用。

033 泡瓢菜幫

特　　點：色澤草白，味鹹辣微帶甜酸
類　　型：速成型泡菜
食用方式：直接食用或作為菜品輔料

青江菜的菜幫處飽滿猶如水瓢，在川渝地區被暱稱為瓢兒菜，有些地方稱之為湯匙菜，另還有上海青、蘇州青、油菜等別名。

◆ 原料

鮮嫩瓢菜幫 2.5 公斤，出胚鹽水 2.5 公斤（見 P044），新老泡菜鹽水 2.5 公斤（見 P045），川鹽 125 克，紅糖 50 克，白酒 25 克，乾辣椒 50 克，醪糟汁 25 克，香料包（見 P047）

◆ 泡製方法

1. 確認瓢兒菜幫的葉去盡後用清水洗淨，放入出胚鹽水中出胚約 2 天撈出，晾乾水份。
2. 新老泡菜鹽水加入川鹽、紅糖、白酒、乾辣椒、醪糟汁調勻後裝入泡罈內。
3. 加入出胚好瓢兒菜幫，放入香料包，用青石壓實或用篾片卡緊，蓋上罈蓋，摻足罈沿水，泡製 2～3 天即成。

◆ 技術關鍵

1. 瓢菜幫不宜久泡，容易變質、發黑，最佳品嘗時間為泡熟後 2～3 天內。
2. 瓢菜葉需切盡，菜葉部分的色素重且易氧化發黑，沒有去盡非常容易影響鹽水色澤。

成都府河與南河交匯處、橫跨南河的安順廊橋，歷史悠久，清‧康熙年間稱之為虹橋，現今樣貌為 21 世紀初所修建，成為集歷史、餐飲、通行為一體的景觀橋。

034 泡水芋莖

特　　點：色澤青綠帶紫，味道鹹辣，微帶鮮脆
類　　型：速成型泡菜
食用方式：直接食用或作為菜品輔料

水芋莖又稱「芋禾桿」，是大芋頭的莖杆部位，泡水芋莖與泡芋子一樣，食用歷史十分悠久，只是當代經濟、物質條件變佳，水芋的種植與食用大幅度減少，令這一傳統經典美味只保留在農村。

泡水芋莖的記錄極早，也是一道有故事的菜品，在北宋（960年～1127年）《太平御覽》《芋》的條目中就記錄了「莖可為菹」。

◆ 原料

水芋莖5公斤，出胚鹽水6.5公斤（見P044），老泡菜鹽水6.5公斤（見P045），泡紅辣椒1250克，川鹽125克，紅糖25克，白酒50克，醪糟汁25克，香料包（見P047）

◆ 泡製方法

1. 選新鮮無傷的水芋莖，撕去外皮洗淨曬蔫，切成約30公分的長段，入出胚鹽水中泡約12小時後出胚撈出，晾乾附著水份。

2. 老泡菜鹽水加入泡紅辣椒、川鹽、紅糖、白酒、醪糟汁調勻後裝入泡菜罈內。

3. 放入已出胚、晾乾的水芋莖段，加入香料包，用篾片卡緊或用青石壓實，蓋上罈蓋，摻足罈沿水，泡約2～3天即可食用。

◆ 技術關鍵

1. 使用專泡泡辣椒的老泡菜鹽水來泡水芋莖，鹹辣滋味更佳，酸香味也更融洽。

2. 泡水芋莖可直接食用或拌食，四川最愛切細後同蒜苗合炒，其味極佳。

位於長江上游、三峽庫區的重慶萬州市城區江景。

經典菜品：青蒜苗炒泡芋莖

035 泡洋雀菜

特　　點：色澤紫紅，鮮脆可口，鹹辣甜酸
類　　型：速成型泡菜
食用方式：直接食用或作為菜品輔料

巴蜀農貿市場風情。

洋雀菜的正名為「蘘荷」，色紫紅，是薑科薑屬的草本植物，具有獨特的香味，主產於川渝、長江流域及華南二半山，因為分佈廣，別名也多，如茗荷、陽荷、陽藿、羊藿薑、山薑、觀音花、野老薑、土裡開花等等

洋雀菜四季都可採挖，春季取剛出土的嫩芽涼拌或炒，鮮香可口；夏季採其紅色花苞炒食或製成泡菜；秋季取花鹽漬或炒；冬季時地下根莖肥嫩，煎炒燒燉皆可，四季不重樣卻皆鮮香可口，獨具風味。

◆ 原料

鮮嫩洋雀菜 2.5 公斤，出胚鹽水 2.5 公斤（見 P044），老泡菜鹽水 2.5 公斤（見 P045），川鹽 125 克，紅糖 25 克，白酒 25 克，乾辣椒 250 克，醪糟汁 50 克，香料包（見 P047）

◆ 泡製方法

1. 洋雀菜去盡足部、老葉，洗淨，入出胚鹽水中泡製 12 小時出胚後撈出，晾乾附著水份。
2. 老泡菜鹽水加入川鹽、紅糖、白酒、乾辣椒、醪糟汁調勻裝入泡菜罈內。
3. 放入出胚好的洋雀菜、香料包，用篾片卡緊或用青石壓實，蓋上罈蓋，摻足罈沿水，泡約 3 天左右即熟，可以直接食用。

◆ 技術關鍵

1. 泡洋雀菜做好管理可貯存一到三個月。
2. 為確保泡菜鹽水淹過食材，可用洗淨的竹箅子（竹編的六角網狀器具）、泡菜壓網或相似的器具蓋在面上再以篾片卡入鹽水下。

036 泡青豆

特　　點：色澤青綠，脆香爽口，鹹辣帶甜酸，可長時間貯藏
類　　型：速成型泡菜
食用方式：直接食用、拌食或作為菜品輔料

◆ 原料

青豆米（青豆仁）5公斤，出胚鹽水5公斤（見P044），老泡菜鹽水5公斤（見P045），川鹽300克，紅糖100克，乾辣椒125克，醪糟汁50克，白酒30克，鮮小紅辣椒35克，食用鹼75克，香料包（見P047）

◆ 泡製方法

1. 選新鮮質嫩的青豆米，將清水8公斤燒沸，放食用鹼於沸水中，把青豆米入沸水中快速焯一水後撈出，晾冷。
2. 將晾冷青豆米下入出胚鹽水中泡製3天左右出胚後撈出，晾乾水份。
3. 老泡菜鹽水加入川鹽、紅糖、乾辣椒、醪糟汁、白酒調製均勻後，裝入泡罈內。
4. 加入青豆米，加入鮮小紅辣椒、香料包，蓋上罈蓋，摻足罈沿水，泡2～3天即成。

◆ 技術關鍵

1. 青豆米下入加食用鹼的滾水鍋中焯水時，絕對不能久煮，只要冒一下、過一下滾水即可，因為目的是要保色，即保住青豆皮的翠綠本色，不是要斷生或煮熟。
2. 為確保泡菜鹽水淹過青豆米，可用洗淨的竹篦子（竹編的六角網狀器具）、泡菜壓網或相似的器具蓋在面上再以篾片卡入鹽水下。
3. 泡青豆泡熟後，做好泡菜罈管理，可貯存一到三個月。

川南宜賓地方縣城市場裡仍以傳統工藝製作燻烤豆腐乾的小作坊。

經典菜品 15

泡青豆炒豆腐乾

成菜特點：色澤鮮豔、青豆脆爽、佐酒小菜
味　　型：泡椒家常味
烹調技法：炒

◆ 原料

泡青豆 200 克，滷豆腐乾 100 克，泡紅小米辣 50 克，味精 2 克，雞精 1 克，香油 5 克，沙拉油 50 克

◆ 做法

1. 滷豆腐乾切成青豆粒大小的丁狀備用。泡紅小米辣切成 0.5 公分的顆粒狀備用。
2. 鍋上火入沙拉油燒熱，下入泡製好的青豆、滷豆腐乾、泡紅小米辣中火煸炒至熱。再用味精、雞精、香油調味炒勻，出鍋裝盤成菜。

◆ 美味關鍵

1. 泡青豆的泡製時間不宜過長，一般 1～2 天即可，時間長了，青豆成菜不綠容易變黃，影響成菜色澤效果。
2. 在這道菜，滷豆腐乾是輔料，柔和滋味與增加口感變化，其次是點綴作用，因此改刀不宜太大，才能令成菜更具美感。
3. 泡紅小米辣在菜餚中的作用是提味、增鮮與岔色。

更多經典：青豆炒牛肉丁

第三篇　經典川味泡菜

037 泡土耳瓜

特　　點：色澤青黃，嫩脆鮮香，鹹酸爽口
類　　型：速成型泡菜
食用方式：直接食用或作為菜品輔料

土耳瓜為佛手瓜的川西地方名，質地細嫩，清脆爽口，原產於中美洲和西印度群島，20世紀初傳入中國，做成泡菜最能體現土耳瓜爽口特色。

◆ 原料

土耳瓜5公斤，出胚鹽水2.5公斤（見P044），老泡菜鹽水2.5公斤（見P045），川鹽120克，紅糖50克，泡蒜鹽水2.5公斤，白酒50克，乾辣椒150克，大蒜50克，香料包（見P047）

◆ 泡製方法

1. 選新鮮青皮且質地細嫩的土耳瓜，去蒂洗淨，放入出胚鹽水中出胚3～4天撈出瀝乾水份。
2. 老泡菜鹽水加入川鹽、紅糖、泡蒜鹽水、白酒、乾辣椒調勻入罐內。
3. 放入出胚好的土耳瓜壓緊實，上面放入大蒜、香料包，用篾片卡緊或用青石壓實，蓋上罈蓋，摻足罈沿水，發酵泡製約7～8天即可食用。

◆ 技術關鍵

1. 使用泡過大蒜的泡蒜鹽水泡成的泡土耳瓜特香，若沒有泡蒜鹽水，可改為全部用老泡菜鹽水泡製，並將大蒜量增加為150克。
2. 如想要快速吃到，可切片泡，泡約1～2天即成。
3. 泡土耳瓜泡熟後不宜久貯，盡可能在二三天內食用完畢。

南絲綢之路串聯中國古代西南川滇兩省，連接緬、印，通往東南亞、西亞，最終達歐洲各國的古老商業通道。圖為經考證後設立於成都新都區的南絲綢之路起點地標。

經典菜品 16
泡土耳瓜炒肉片

成菜特點：泡菜味濃厚、肉質滑嫩、土耳瓜脆爽
味　　型：泡椒家常味
烹調技法：炒

◆ 原料

泡土耳瓜 250 克，豬裡脊肉 125 克，泡紅二荊條辣椒 50 克，泡薑片 25 克，食鹽 1 克，味精 2 克，雞精 1 克，白糖 1 克，胡椒粉 1 克，醬油 2 克，料酒 15 克，太白粉水 50 克，沙拉油 100 克

◆ 做法

1. 豬裡脊肉切成 0.3 公分的厚片，用食鹽、料酒、醬油、太白粉水 20 克碼味，拌勻備用。
2. 新鮮土耳瓜去掉表面粗皮。撈出切成 0.2 公分的長方片備用；泡紅二荊條辣椒切成馬耳朵狀；泡薑切成薄片。
3. 鍋上火入沙拉油燒至六成熱，下入碼味後的肉片炒散。再加入泡紅二荊條辣椒、泡薑炒入味。
4. 用味精、雞精、白糖、胡椒粉、料酒、太白粉水 30 克調味收汁，出鍋裝盤成菜。

◆ 美味關鍵

1. 土耳瓜一般入老罈泡菜水中泡製 7 天左右的滋味與口感最佳，泡製前記得一定要將表面的一層粗皮削掉並去掉瓜心硬核部分，否則影響口感。
2. 土耳瓜應選形大塊整的泡製，使用時再根據需求改刀，應避免改刀成片或小塊後再泡製，口感不脆爽。
3. 泡製好的土耳瓜改刀後，直接入鍋炒製成菜，不宜單獨將泡土耳瓜用開水汆熟再炒，會影響成菜脆度，泡菜特有滋味也會變得寡淡。
4. 泡紅二荊條辣椒在這道菜餚中更多是提味與岔色點綴。

更多經典：泡土耳瓜炒牛柳

第三篇　經典川味泡菜

129

038 泡刀豆

特　　點：色微黃，味鹹鮮，嫩脆清香
類　　型：當年型泡菜
食用方式：作為菜品輔料或直接食用

成熟刀豆因長達20~35公分且微彎，猶如刀般而得名，為熱帶及亞熱帶植物，其成熟果期在10月前後，長江以南各省都能種植，曾被廣泛推廣種植。

用於食用的刀豆是未完全成熟的嫩莢，煮熟後整個豆莢都能食用，入菜時務必先用熱水煮到完全熟透，再回鍋烹製成菜餚，因生刀豆有微毒，其毒性可通過充分加熱及泡菜乳酸菌發酵轉化來去除，也因此風險大幅降低，刀豆就成了少數懂吃者的美味食材。

◆ 原料

新鮮刀豆2.5公斤，出胚鹽水2.5公斤（見P044），新老泡菜鹽水2.5公斤（見P045），川鹽350克，紅糖120克，乾辣椒50克，白酒25克，醪糟汁25克，大蒜25克，香料包（見P047）

◆ 泡製方法

1. 選鮮嫩、小片尚未長籽的嫩刀豆，洗淨後掐去兩頭和邊筋，入出胚鹽水中泡製約1天充分出胚，撈出後攤開晾乾附著的水份。
2. 新老泡菜鹽水加入川鹽、紅糖、乾辣椒、白酒、醪糟汁調勻後裝入泡菜罈內。
3. 逐個放入刀豆，緊密疊放，加入大蒜、香料包，再用青石壓實或用篾片卡緊，蓋上罈蓋，摻足罈沿水，泡製必須30天以上，才可食用。

◆ 技術關鍵

1. 應選鮮嫩的刀豆泡製，過熟的刀豆質地老、纖維粗，不適合用於製作泡菜，口感差。
2. 泡刀豆必須泡製30天以上，食用口感才好，期間務必做好泡菜罈管理。
3. 刀豆季節性強，屬於較為少見的蔬菜類。

蔬菜種植集中區的鄉鎮集市通常也兼具批發功能，圖為正準備批量出售的刀豆及市場風情。

039 泡四季豆

特　　點：色微黃，質地鮮脆，味道清香
類　　型：速成型泡菜
食用方式：直接食用或作為菜品輔料

◆ 原料

四季豆 2.5 公斤，出胚鹽水 2.5 公斤（見 P044），新老泡菜鹽水 2.5 公斤（見 P045），川鹽 250 克，白酒 25 克，乾辣椒 50 克，醪糟汁 25 克，大蒜 25 克，香料包（見 P047）

◆ 泡製方法

1. 選鮮嫩、肉質厚的四季豆洗淨，掐去兩頭，撕去邊筋，入出胚鹽水中出胚 2 小時後撈出，攤開晾乾附著水份。
2. 新老泡菜鹽水加入川鹽、白酒、乾辣椒、醪糟汁調製均勻裝入泡菜罈內。
3. 放入出好胚的四季豆，加入香料包、大蒜，用青石壓實或用篾片卡緊，蓋上罈蓋，摻足罈沿水，泡製 1～2 天後即可食用。

◆ 技術關鍵

1. 應選用新鮮質嫩的四季豆，成品才能具備質地佳、口感好的特點。
2. 四季豆必須先出胚 2 小時以上，徹底去除生澀味後才能泡製，之後泡約 1 天以上才能完全泡熟。
3. 泡熟後，最佳品嘗時間為 3～7 天。

經典菜品：泡四季豆炒肉末

傳統小吃「畫糖人」，集遊戲娛樂、手藝與甜蜜於一體。

040 泡黃瓜

特　　點：色微黃，質香脆，味鹹鮮微辣
類　　型：速成型泡菜
食用方式：直接食用或作為菜品輔料

◆ 原料

小黃瓜 5 公斤，出胚鹽水 5 公斤（見 P044），老泡菜鹽水 5 公斤（見 P045），川鹽 250 克，白酒 50 克，紅糖 75 克，乾辣椒 150 克，大蒜 50 克，鮮紅米辣椒 50 克，泡小米辣椒 100 克，花椒 5 克，香料包（見 P047）

◆ 泡製方法

1. 鮮嫩小黃瓜削去兩端，洗淨曬蔫後入出胚鹽水中泡製 2～3 小時出胚後撈出，瀝乾附著水份。
2. 老泡菜鹽水加入川鹽、白酒、紅糖、乾辣椒調勻裝入罈內，再放入出胚好的小黃瓜、乾辣椒 50 克、鮮紅小米辣椒。
3. 裝罈時按照順序，先 1/3 量小黃瓜放底層，接著 1/2 量乾辣椒、小紅辣椒一層，再 1/3 量小黃瓜一層，1/2 量乾辣椒、小紅辣椒一層，最後一層為最後的 1/3 量小黃瓜。
4. 最後放入大蒜、香料包，用青石壓實或用篾片卡緊，蓋上罈蓋，摻足罈沿水，泡約 6～12 小時即可取出，切粗條、裝盤成菜。

◆ 技術關鍵

1. 選擇四川本地時令季節的白皮小黃瓜做泡黃瓜，其質地口感尤佳。
2. 泡黃瓜易腐，一般只宜做洗澡泡菜，因此泡成後，盡量在 3～5 天內食用完畢。
3. 也可將黃瓜切成兩半曬至稍蔫，再行出胚，泡黃瓜成品的脆口感更佳。

Sichuan paocai

四川人喜歡在戶外喝茶擺龍門陣，圖為川西典型的熱門茶館風情。

041 泡冬瓜

特　　點：色白脆香，鹹辣微酸，可貯藏3個月
類　　型：速成型泡菜
食用方式：直接食用或作為菜品輔料

自貢及周邊的井鹽是巴蜀地區千年來最重要食鹽來源，今日川菜的百菜百味，鹹味醇和的井鹽功不可沒。圖為貢井區旭水河北岸大公井遺址，為文獻記載最早的鹽井，鑿成於北周武帝時期（西元561～578年）。

◆ 原料

新鮮去皮去瓤去心冬瓜肉5公斤，老泡菜鹽水2.5公斤（見P045），川鹽125克，紅糖50克，白酒20克，乾辣椒100克，醪糟汁35克，香料包（見P047），清水2.5公斤，生石灰125克

◆ 泡製方法

1. 新鮮去皮去瓤去心冬瓜肉用竹籤戳若干小孔，改刀切成15公分長、8公分寬的塊。

2. 深盆內下清水、生石灰調勻，放入冬瓜浸泡1小時後，撈入清水中浸漂半小時，透去石灰味。

3. 步驟2處理好的冬瓜塊放入出胚鹽水中出胚3天後撈出，晾乾附著的水份。

4. 老泡菜鹽水、川鹽、紅糖、白酒、乾辣椒、醪糟汁調勻後裝入罈內，再放入出胚好的冬瓜塊，加入香料包，用篾片卡緊或用青石壓實，蓋上罈蓋，摻足罈沿水，泡製約7～8天即成，食用前再改刀成適合大小，就可成菜。

◆ 技術關鍵

1. 泡石灰水的目的是改冬瓜的質地，泡成後口感才脆，沒泡石灰水就出胚，成品質地會發軟。

2. 石灰水的量非絕對，以最終能淹沒冬瓜為度，若石灰水量過少，冬瓜塊無法均勻泡製，泡出的冬瓜質地軟硬不均，若石灰水濃度不足，冬瓜成型容易軟爛。

3. 透去石灰味的清水量可多一些。

4. 如想要吃甜味、甜酸味或辣味的泡冬瓜，改味方法可參考泡仔薑的改味法（見P087）。

第三篇　經典川味泡菜

042 泡冬筍

特　　點：色橙黃，鮮脆鹹香，爽口宜人
類　　型：當年型泡菜
食用方式：作為菜品輔料或直接食用

◆ 原料

鮮淨冬筍 2.5 公斤，出胚鹽水 2.5 公斤（見 P044），老泡菜鹽水 2.5 公斤（見 P045），川鹽 250 克，紅糖 50 克，白酒 25 克，乾辣椒 50 克，香料包（見 P047）

◆ 泡製方法

1. 冬筍削去外殼和質老部分，入出胚鹽水中泡製三四天後出胚撈出，晾乾附著水份。
2. 老泡菜鹽水、川鹽、紅糖、白酒、乾辣椒調勻，裝入泡菜罈內。
3. 放入出胚好的冬筍，加入香料包，用青石壓實或用篾片卡緊，蓋上罈蓋，摻足罈沿水，泡約 30 天以上即成。

◆ 技術關鍵

1. 冬筍削去筍尖、去除外殼及質老部分時應仔細，勿傷及肉或將筍削斷。
2. 泡冬筍最適合與豬、雞、鴨肉合炒，味道極佳。
3. 做好泡菜罈管理，可貯存二到三個月。

巴蜀地方竹木器店老闆也多是手藝人。

經典菜品 17
泡冬筍炒鴨條
成菜特點：入口滑嫩、家常味濃郁
味　　型：家常味
烹調技法：炒

◆ 原料
白條鴨胸肉 200 克，泡冬筍 200 克，泡青紅小米辣 75 克，泡薑片 30 克，食鹽 1 克，醬油 2 克，胡椒粉 1 克，料酒 10 克，味精 2 克，雞精 1 克，太白粉水 30 克，沙拉油 75 克。

◆ 做法
1. 選白條鴨洗淨，取鴨胸肉切成 0.5 公分的粗條狀，用食鹽、醬油、料酒、胡椒粉、太白粉水碼拌均勻備用。
2. 泡冬筍切成 0.5 公分的粗條，備用；泡青紅小米辣分別斜刀切成馬耳朵狀。
3. 鍋入沙拉油大火燒至六成熱，下入碼味後的鴨條炒散，再加入泡薑片、泡青紅小米辣片、泡冬筍條翻炒均勻，下入味精、雞精調味，炒勻、出鍋裝盤成菜。

◆ 美味關鍵
1. 冬筍選用新鮮為佳，泡製前需要將冬筍根部纖維較老的部分削掉不用，以免影響成菜口感。
2. 冬筍可以先製熟後去澀味再泡製，也可以直接改刀後泡製，兩者口感有所不同。

更多經典：紅油拌泡冬筍

Sichuan paocai

043 泡萵筍

特　　點：色澤翠綠，滋味爽口，嫩脆酸香
類　　型：速成型泡菜
食用方式：直接食用

萵筍為莖用萵苣的膨大莖部，為菊科萵苣屬，川菜常見的「鳳尾菜」就是萵筍頂端帶葉子的部分。多數剛接觸食材的朋友常會與棒菜搞混，棒菜又名菜心是莖用芥菜的膨大莖部，為十字花科芸薹屬），兩者明顯不同點在於棒菜外觀較粗獷，皮也厚，肉呈不均勻的淡綠色，而萵筍外觀較精緻、皮薄，肉呈均勻的翠綠色。

泡萵筍是最受川渝地區百姓喜愛的泡菜，色澤綠，味爽口，嫩脆香的特點讓其既是家常下飯菜，通過刀工細作更能端上宴席做為開胃涼菜。

◆ 原料

萵筍 5 公斤，出胚鹽水 5 公斤（見 P044），老泡菜鹽水 5 公斤（見 P045），川鹽 50 克，紅糖 25 克，乾辣椒 50 克，醪糟汁 25 克，料酒 100 克，大蒜 50 克，香料包（見 P047）

◆ 泡製方法

1. 萵筍去皮、去葉洗淨，用刀順切成兩半，或切成短節，入出胚鹽水中出胚 2 小時（也可直接撒適量鹽進行乾出胚），撈出瀝乾水份。
2. 老泡菜鹽水加入川鹽、紅糖、乾辣椒、醪糟汁、料酒調勻入罈內，放入出胚後的萵筍，加入大蒜、香料包，用青石壓實或用篾片卡緊，蓋上罈蓋，摻足罈沿水，泡製約 1 小時即可食用。

◆ 技術關鍵

1. 泡萵筍屬於洗澡泡菜，應速泡速食，勿久貯，泡久了口感發軟，鹹酸味過重。泡萵筍最佳賞味期為 1～3 天。
2. 泡萵筍泡製的時間短，鹽水鹹度可稍大一些。
3. 若需甜味重，酌加紅糖用量即可，若想辣味重，可酌加辣椒用量。

044 泡八月筍

特　　點：色澤微黃、入口脆爽、酸甜而微辣
類　　型：速成型泡菜
食用方式：直接食用或作為菜品輔料

四川的竹類品種十分多樣，八月筍為「八月竹」出的筍，是少數在農曆八月出筍的品種，又名冷筍，近代備受喜愛的熊貓愛吃八月竹，又被暱稱為熊貓筍。

◆ 原料

淨八月筍（去筍殼）1 公斤，鮮紅辣椒段 100 克，老泡菜鹽水 1 公斤（見 P045），泡小米辣椒鹽水 200 克，川鹽 10 克，冰糖 200 克，白醋 100 克

◆ 泡製方法

1. 去筍殼的淨八月筍改刀成 6～7cm 的節，入沸水鍋中煮 5 分鐘撈出漂入冷水中備用。大紅椒切成 5cm 的大一字條狀，備用。
2. 老泡菜鹽水加入泡小米辣椒鹽水、川鹽、冰糖、白醋攪勻，裝入泡菜罐中。
3. 將燙過漂冷的八月筍撈出瀝乾水份，裝入泡菜罐中，加入鮮紅辣椒段，輕輕攪勻，蓋上罐蓋，泡製 5～7 天後即可。

◆ 技術關鍵

1. 選新鮮、大小均勻、嫩度好的峨眉山八月筍口感最佳。
2. 新鮮竹筍要泡製時，才開始剝去筍殼，如提前去殼容易發黑，影響成菜美觀。
3. 鮮竹筍入開水鍋氽煮的目的是去除鮮竹筍的澀味，因此鍋內的水要寬、要多，量大需分批氽煮時，中途需每次更換沸水或添加新的沸水。。
4. 鮮竹筍的泡製時間要長一點，否則竹筍成菜不夠入味。

成都大貓熊繁育研究基地裡憨態可掬、令人喜愛的大熊貓。

045 泡茭白

特　　點：質嫩脆香，鹹辣適口
類　　型：速成型泡菜
食用方式：直接食用或作為菜品輔料

茭白又名筊白筍，四川人稱「高筍」，色白且質地脆嫩，實為禾本科菰屬水生植物菰（音同姑）又名菰草、茭菰，筊白實際是菰的莖部感染菰黑粉菌導致幼嫩莖部膨大的部位，主要生長於溼地。

菰的果實稱為菰米，是古代六穀之一，超市可見的美國「野米」就是美國特有種菰屬植物的果實。

現在栽培菰主要目的是收穫筊白，幾乎沒有人採集菰米食用，另一原因則是感染菰黑粉菌而生產筊白的菰不能正常地開花結果。

◆ 原料

茭白 2.5 公斤，出胚鹽水 2.5 公斤（見 P044），老泡菜鹽水 2.5 公斤（見 P045），川鹽 250 克，紅糖 50 克，白酒 25 克，乾辣椒 50 克，醪糟汁 25 克，大蒜 25 克，香料包（見 P047）

眉山泡菜企業製作展示的泡椒白及其他多種泡菜。

◆ 泡製方法

1. 茭白去掉老皮和質老部分，入出胚鹽水中出胚 4 天後撈出，晾乾附著的水份。
2. 老泡菜鹽水加入川鹽、紅糖、白酒、乾辣椒、醪糟汁調勻裝入泡菜罈內。
3. 放入出胚好的茭白和香料包，用青石壓實或用篾片卡緊，蓋上罈蓋，摻足罈沿水，泡約 7 天即可食用。

◆ 技術關鍵

1. 泡茭白泡熟後應在 3～5 內食用完畢，久泡會發軟、發酸。
2. 泡茭白除了直接食用，更適合做為熱菜輔料，細嫩質地與鹹酸味感能讓許多滋味變得爽口。

經典菜品 18
泡高筍炒肉絲

成菜特點：入口滑嫩、家常味濃郁
味　　型：家常味
烹調技法：炒

◆ 原料

豬裡脊肉 200 克，泡高筍 200 克，泡甜椒絲 50 克，泡薑絲 30 克，食鹽 1 克，味精 2 克，雞精 1 克，料酒 10 克，醬油 2 克，太白粉水 30 克，沙拉油 75 克

◆ 做法

1. 豬裡脊肉去筋切成二粗絲，用食鹽、料酒、醬油、太白粉水碼味上漿備用。泡高筍改刀切成二粗絲。
2. 鍋入沙拉油大火燒熱，放入碼味後的肉絲炒散。
3. 加入泡高筍絲、甜椒絲、泡薑絲翻炒至入味，用味精、雞精調味，炒勻、出鍋裝盤成菜。

◆ 美味關鍵

1. 泡高筍的泡製時間不宜太久，久了口感變得綿軟，不爽口。
2. 泡薑絲在此菜餚中提味增香；甜椒絲在菜餚中岔色，不宜太多，以點綴為目的。

046 泡苦瓜

特　　點：色黃清脆，苦味大減，鹹酸味足
類　　型：速成型泡菜
食用方式：主要是直接食用，也可作為輔料、配料入菜

◆ 原料

苦瓜 5 公斤，出胚鹽水 5 公斤（見 P044），老泡菜鹽水 5 公斤（見 P045），川鹽 125 克，紅糖 50 克，醪糟汁 50 克，白酒 50 克，香料包（見 P047）

◆ 泡製方法

1. 選色青白，皮表面比較平整，沒有水漬印、損傷的苦瓜洗淨，對剖兩半，去掉內瓤，曬至稍蔫後，入出胚鹽水中泡製 1 天出胚，撈出晾乾水份。
2. 老泡菜鹽水調入川鹽、紅糖、醪糟汁、白酒溶化、調勻後裝入泡菜罈內，出胚好的苦瓜逐個放入，加入香料包，用竹箴片卡緊或用青石壓緊實，蓋上罈蓋，摻足罈沿水泡約 2～3 天即成。

◆ 技術關鍵

1. 苦瓜出胚鹹度可略重一些。
2. 苦瓜十分適宜與泡豇豆、泡辣椒等合泡，若食用量不多，可通過合泡的方式來一次獲得多種泡菜。
3. 苦瓜的頭道出胚鹽水應用沸水晾涼後調製而成，泡菜品質更穩定。

047 泡土豆

特　　點：色微黃，嫩脆鮮香
類　　型：速成型泡菜
食用方式：直接食用

川渝地區的土豆就是馬鈴薯，又名洋芋、山藥蛋、薯仔，原產於熱帶美洲的山地，16世紀傳入中國。馬鈴薯一名最早見於康熙年間的《松溪縣志》，據傳是見其類似薯而外觀像馬鈴鐺而得名。

◆ 原料

土豆 2.5 公斤，出胚鹽水 2.5 公斤（見 P044），老泡菜鹽水 2.5 公斤（見 P045），川鹽 65 克，紅糖 25 克，大蒜 25 克，香料包（見 P047）

◆ 泡製方法

1. 選新鮮、無芽、無蟲傷土豆，去皮洗淨，對切兩半，入出胚鹽水中出胚 6～7 小時左右，撈出晾乾水份。
2. 老泡菜鹽水加入川鹽、紅糖溶化、調勻裝入罈內。
3. 裝入出胚好的土豆，放大蒜、香料包，用青石壓實或用篾片卡緊，蓋上罈蓋，摻足罈沿水，泡製約 10～15 天即成。

◆ 技術關鍵

1. 發芽的土豆會產生名為龍葵素的毒性物質，切勿用於泡製，必須選新鮮無發芽、無蟲害的土豆。
2. 喜歡辣味重的，可加大乾辣椒用量，也可酌情加小米椒，增加辣度。
3. 泡土豆泡熟後應在 20 天內盡快食用完畢，久泡會軟爛。

048 泡白蘿蔔皮

特　　點：入口脆爽，酸辣回甜開胃，下飯最佳
類　　型：速成型泡菜
食用方式：直接食用

每到冬季就是蘿蔔的季節，烹製菜餚後常會有大量蘿蔔皮被丟棄，思維靈活的川人就變著法子利用起來，這泡蘿蔔皮就是邊角餘料的勝利，從桌下回到桌上，入口脆爽、酸辣回甜開胃，成為諸多川人們最喜愛的家常泡菜。

◆ 原料

象牙白蘿蔔皮 500 克，純淨水 600 克，川鹽 20 克，冰糖 10 克，紅糖 15 克，泡小米辣椒節 30 克，鮮紅小米辣椒 20 克，鮮檸檬片 10 克，泡小米辣椒鹽水 100 克，白醋 40 克，醪糟汁 10 克，乾辣椒辣段 5 克，花椒粒 1 克

◆ 泡製方法

1. 象牙白蘿蔔皮淘洗乾淨後晾乾水份備用。
2. 將純淨水加入川鹽、冰糖、紅糖攪拌溶化，再加入泡小米辣椒節、鮮紅小米辣、鮮檸檬片、白醋、醪糟汁、乾辣椒段、花椒粒攪拌均勻後，裝入泡菜罈內。
3. 將晾乾後的白蘿蔔皮放入罈中，適度翻動，使每片白蘿蔔皮都能在鹽水中均勻散開，蓋上罈蓋，泡製 6 小時左右，即可食用。

◆ 技術關鍵

1. 要做成泡菜的蘿蔔皮，在削皮時不能附加蘿蔔肉太多，否則成菜口感不夠脆爽。
2. 可以用玻璃泡菜罈或不銹鋼盆作為泡製容器。
3. 氣溫偏高的季節最好放入冰箱內恆溫冷藏泡製效果更佳，是成菜脆爽的關鍵之一。
4. 泡白蘿蔔皮屬洗澡泡菜，不宜久泡，短時間、1～2 天內食用效果更佳。
5. 此泡菜對餐飲酒樓來說，蘿蔔皮就是製作蘿蔔菜品剩下的邊角餘料，通過化廢為寶、再次成菜可提升經營的毛利率。
6. 泡白蘿蔔皮泡熟後可撈出直接食用原味，或是裝盤後加點味精、白糖，淋上熟油辣子，撒上小蔥花成菜，食用時拌勻即可。

冬季的四川農村田間壩頭常栽滿了蘿蔔。

049 泡胭脂蘿蔔

特　　點：色澤胭脂般紅亮、酸辣開胃、入口脆爽
類　　型：速成型泡菜
食用方式：直接食用

胭脂蘿蔔從裡到外都是胭脂紅色，所含色素極易溶於水中，川渝廚師們多喜歡用來為洗澡泡菜鹽水調色，讓原本素淨的食材染上誘人的嫩紅或粉紅。

胭脂蘿蔔又名紅心蘿蔔，每年夏末播種，秋冬時節即可收成，主產於四川、重慶、貴州，更是四川儀隴市、重慶市涪陵區的地方特產。

◆ 原料
胭脂蘿蔔 800 克，西洋芹 200 克，老泡菜鹽水 1500 克（見 P045），鮮檸檬片 50 克，川鹽 15 克，泡小米辣椒鹽水 200 克，冰糖 10 克，白醋 40 克，紅糖 15 克，醪糟汁 10 克，花椒粒 1 克，乾辣椒辣段 5 克

◆ 技術關鍵
1. 可以用玻璃泡菜罈或不銹鋼盆作為盛器更加美觀或便利。
2. 氣溫偏高的季節最好放入冰箱內恆溫冷藏泡製效果更佳，是成菜脆爽的關鍵之一。
3. 泡胭脂蘿蔔屬於洗澡泡菜，不宜久泡，短時間內食用才能吃到最佳的脆口感與鮮滋味。

◆ 泡製方法
1. 胭脂蘿蔔去葉、根鬚後洗淨，再切成 1.5cm 的丁備用。西洋芹去外表粗皮、筋後切成 1.5cm 的丁。
2. 老泡菜鹽水加入川鹽、泡小米辣椒鹽水、冰糖、白醋、紅糖、醪糟汁、花椒粒、乾辣椒段、鮮檸檬片攪勻至鹽、糖充分溶化後，裝入泡菜罈內。
3. 將切好的胭脂蘿蔔丁、西洋芹丁放入泡菜罈內，蓋上罈蓋，泡製 24 小時即可食用。

重慶市解放碑廣場，其周邊是著名、繁華的商業步行街，也是美食、小吃的集中區。

050 泡黃豆芽

特　　點：色澤牙黃，鮮香脆嫩，微辣爽口
類　　型：速成型泡菜
食用方式：直接食用

◆ 原料

黃豆芽 400 克，老泡菜鹽水 500 克（見 P045），川鹽 10 克，白酒 5 克，紅糖 5 克，乾辣椒節 10 克，花椒粒 1 克，八角 2 個，大蒜瓣 2 個

◆ 泡製方法

1. 黃豆芽去根鬚、洗淨，入沸水鍋中汆一水，迅速撈出放入冰涼水中漂涼後撈出，瀝乾水份。
2. 老泡菜鹽水加入川鹽、白酒、紅糖、乾辣椒節、花椒粒、八角、大蒜瓣攪勻，裝入玻璃泡菜罈內。
3. 將瀝乾的黃豆芽放入罈中，蓋上罈蓋，摻足罈沿水，泡製 24 小時左右即可食用。

◆ 技術關鍵

1. 應選新鮮、無腐爛變質的黃豆芽。
2. 豆芽入鍋汆水時，水量要多、火力要大、水要沸騰、時間要短、速度要快！切記，時間過長，成菜的口感就發軟，不脆爽。
3. 豆芽入鍋汆水步驟可以改用出胚鹽水出胚 1 小時，瀝乾後再泡製，口感稍有不同，軟中帶脆。

051 泡綠豆芽

特　　點：鹹香微辣，質地脆爽
類　　型：速成型泡菜
食用方式：直接食用

◆ 原料

綠豆芽 500 克，老泡菜鹽水 400 克（見 P045），泡小米辣椒 80 克，川鹽 15 克，鮮紅小米辣椒節 5 克，八角 2 個，大蒜瓣 2 個，紅糖 5 克，白酒 5 克

◆ 泡製方法

1. 將綠豆芽去根、去芽瓣洗淨，入沸水鍋中汆一水，迅速撈出放入大量清水中漂涼，備用。
2. 老泡菜鹽水加入泡小米辣椒、川鹽、鮮紅小米辣椒節、八角、大蒜瓣、紅糖、白酒攪勻，裝入玻璃泡菜罈內。
3. 將漂涼綠豆芽瀝乾水份後裝入罈中，蓋上蓋子，泡製 4～5 小時後即可食用。

◆ 技術關鍵

1. 應選新鮮、粗壯均勻、潔白、無腐爛變質的綠豆芽。
2. 用沸水汆綠豆芽時，水量要多，燙的時間要短，否則成菜後豆芽發軟、不成型，影響成菜美觀和脆度。
3. 綠豆芽也可以不汆水，洗淨、瀝乾水份後直接入泡菜罈內進行泡製，但泡製時間要久一些，要泡約一到二天。

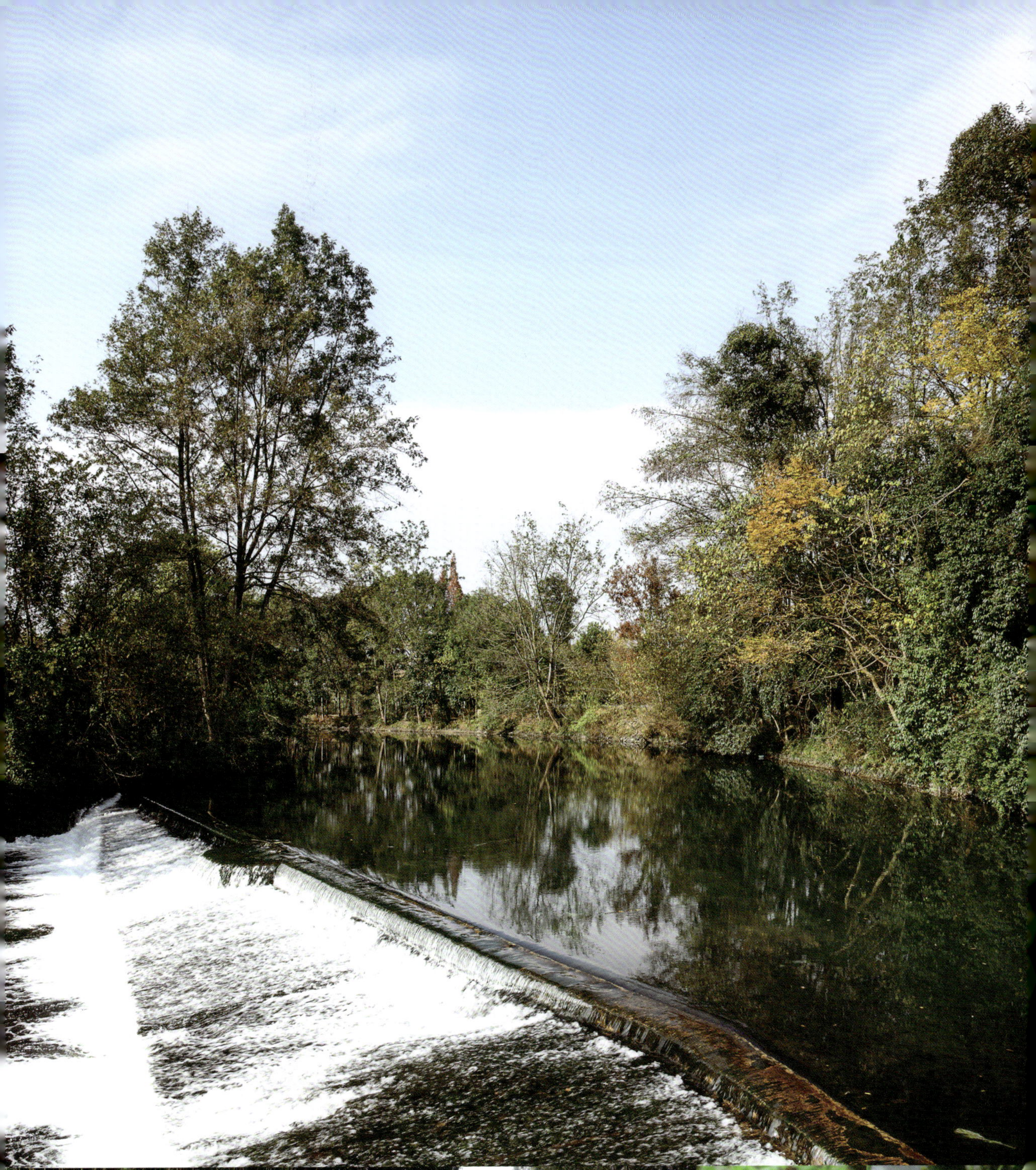
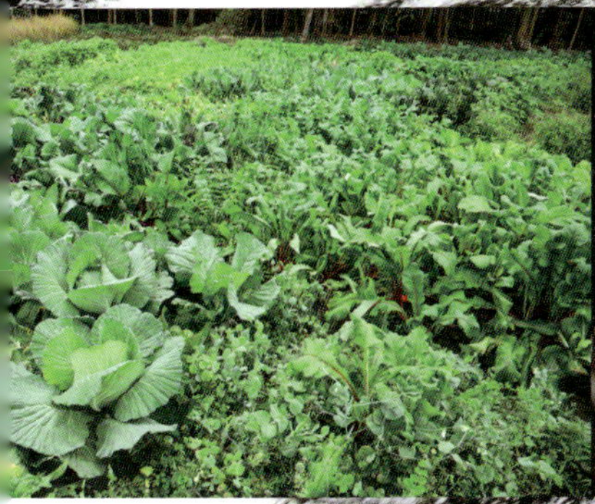
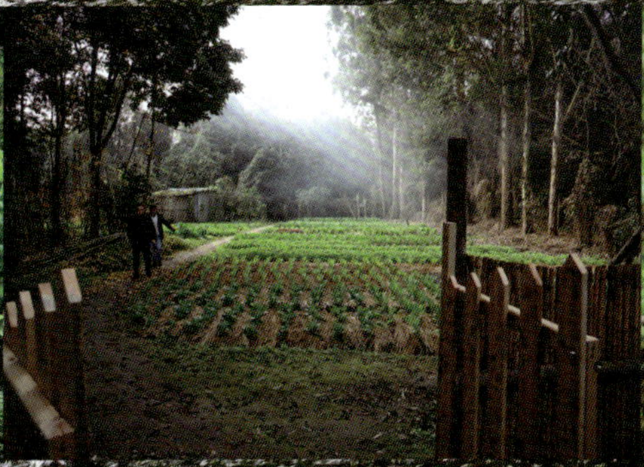
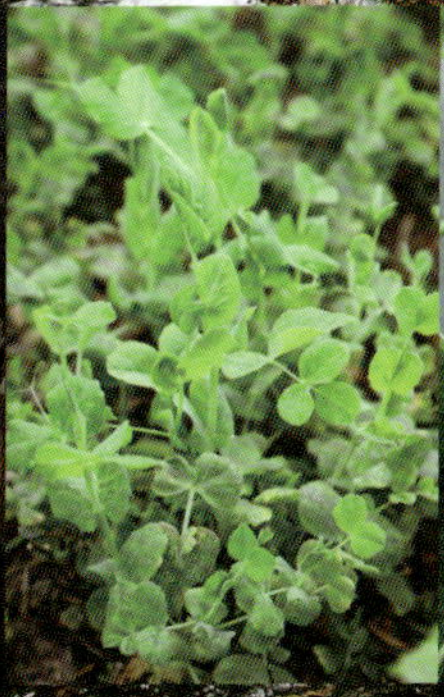
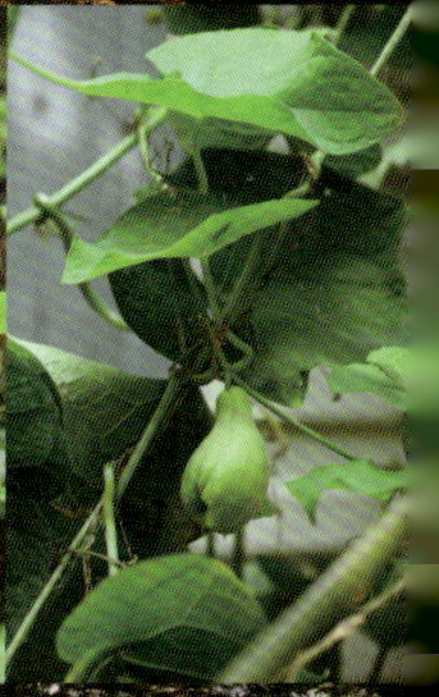

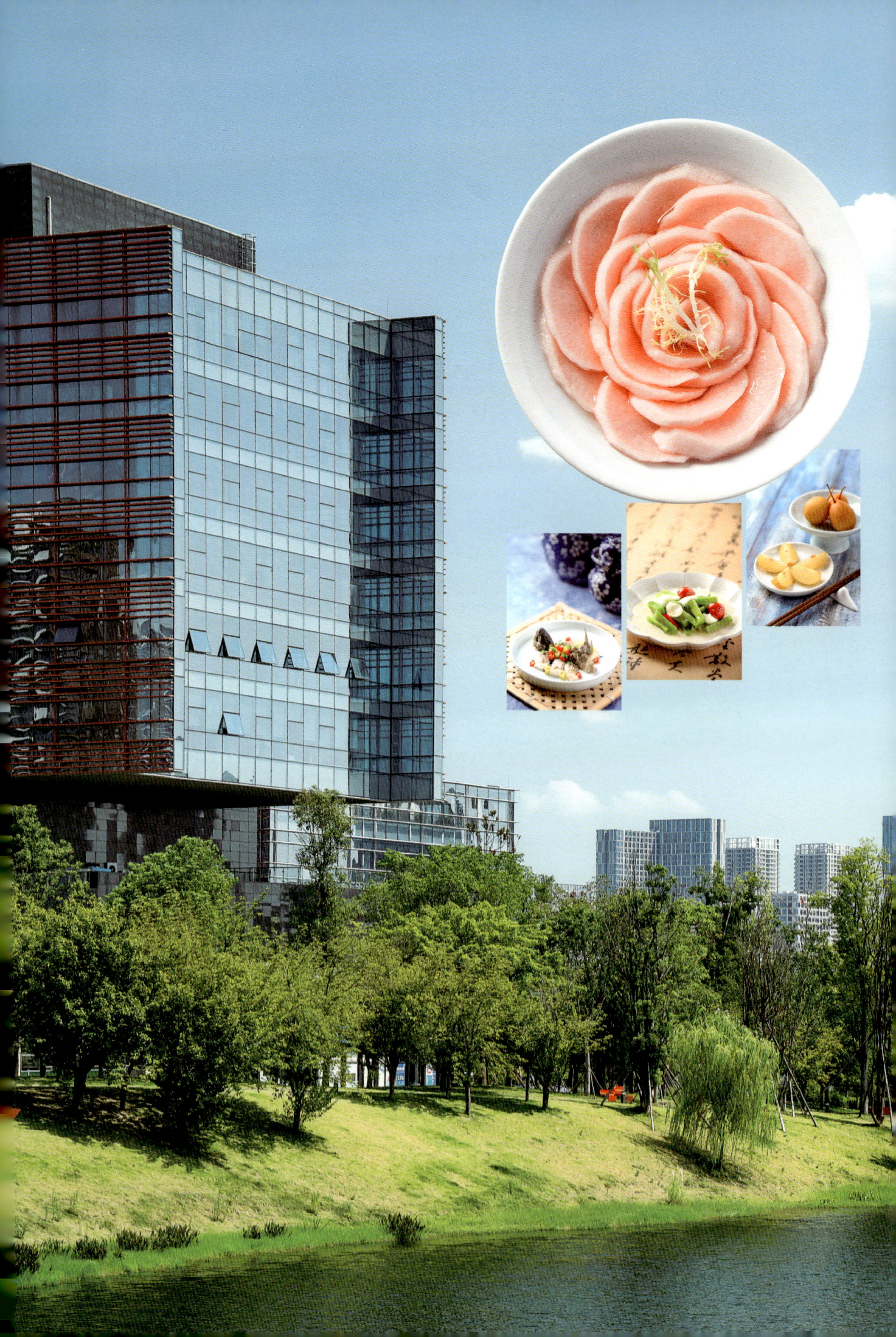

第四篇

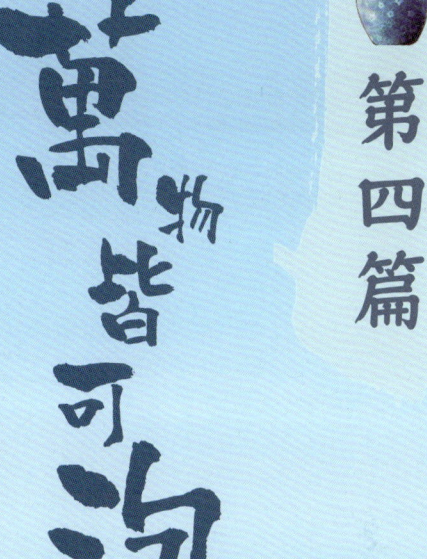

萬物皆可泡之創意泡菜

其他型泡菜多是取老泡菜鹽水調製成特定風味的泡菜汁水泡製食材而成，其滋味多由泡菜汁水的滋味決定，幾乎沒有發酵的參與，乳酸菌角色更多是利用其獨特的酸香滋味對食材「調味」，而醋汁類泡菜、糖汁類泡菜更完全沒有老泡菜鹽水，因此與傳統川味泡菜在泡製鹽水的製作、使用與操作上有很大區別。

因為不用考慮乳酸菌的發酵需求，只考量滋味，其他型泡菜的食材選擇就十分多元，許多傳統泡菜不能泡的蔬菜水果，甚至禽、畜、水產、海鮮等葷食材都可以拿來泡！掌握各種其他型泡菜工藝技巧後，將發現能用於泡製的食材、輔料十分廣泛，可說萬物皆可泡，更容易發揮創意，製作出美味、新穎的泡菜，十分適合現代餐飲求新求快的潮流變化。

第一章　葷泡菜──禽、畜、水產、海鮮

Creative paocai

四川泡菜，人人愛吃，家家會做，在四川人的泡菜罈子裡，多是各種根、莖類蔬菜為原料泡製的泡菜，1980 年代之前根本沒聽說可以將禽類、畜類、水產、海鮮等葷原材料用泡菜的技法泡製成菜。

葷食材類泡菜徹底地改變了人們對四川泡菜就是用於下飯或調味的傳統認知，開創性的提升川菜一絕「泡菜」的品味與發展可能性，古老的四川泡菜也自此進入了一個全新的時代。

話說葷泡菜

關於四川葷泡菜的興起還要從 1980 年代中期說起！當時，泡野山椒（泡小米辣）還是部分區域、小範圍的特色泡菜，因辣度高，進入川菜餐飲市場後，使用一直不普及、用量少，在當時反而是川菜地區的粵菜餐廳最先普遍採用，主要做為開胃碟上桌，而後才反向傳播到川菜廚師手裡，勁辣鮮爽特點才被廣為接受，開始運用到川菜的各個領域中，後來更將野山椒發揮到極致。

其中行業公認、最成功的案例就是在 1990 年代後期，我（舒國重）大膽將泡野山椒用於泡製葷的食材，之後衍生出各種類型的葷泡菜，形成以「泡椒（泡野山椒）鳳爪」為代表的新型川式泡菜系列，有泡鳳冠、泡鴨掌、泡豬耳、泡牛頭皮等，經過市場洗禮與工藝升級後，將葷泡菜推向一個新高度，「泡鳳爪」更被四川省商務廳等多部門評定為「四川名菜」，從此之後葷泡菜以酸辣味型為主的滋味特點基本定型，具有成菜色澤清淨、淡雅、酸辣可口、回味悠長。

拜食品加工技術的進步，泡鳳爪、泡豬耳等多種葷泡菜成為風靡全國，超市就能買到的熱賣休閒食品。

當年的創新成為今日的經典

到 1990 年代末期，川菜江湖菜一夜之間火爆起來，我（舒國重）再次將葷泡菜菜品運用到成都羊市街西延線上的一家川菜酒樓菜單中，這道菜就是「爽口老罈子」，入口脆爽、鹹酸微辣、酸爽提神，是一道泡鳳爪、泡豬耳朵、泡豬尾等組合而成的菜品。

當時好多食客不遠千里而來，就沖這道鮮辣爽口的創意葷泡菜，而後成功帶起葷泡菜的流行浪潮，現今葷泡菜已成川菜經典，是巴蜀地區高、中、低檔酒樓、餐館的常備涼菜品種，在成都高檔商務酒樓與私房菜的餐桌上，葷泡菜更常做為重點特色菜，以突出席宴的巴蜀特

現代川菜餐飲中各式
各樣的創意泡菜。

色與飲食風情。

葷泡菜製作二三事

1. 選料考究

應選用脆性好、少油輕脂肪、膠原蛋白含量較高的食材，或纖維少、易燙（汆）至熟的食材，如脆嫩、少筋骨的禽畜食材：豬耳朵、豬尾、黃喉、雞爪、雞冠、鴨掌、鴨胗等，海產品食材如：鮮海螺、鮮鮑魚、鮮蝦等。

2. 加工要嚴謹

大塊緊實原料必須先花刀處理、泡製之前必須將多餘的油脂處理乾淨，控制好加熱製熟水溫及時間。

3. 貯存環境要求較高

葷類食材易腐敗，多數要求在低溫（3~15℃）環境中泡製效果更佳，現在冰箱普遍，封好容器口後放入冷藏室泡製是最佳方案，若一時騰不出冰箱，也務必選擇在陰涼、通風處泡製，但只限幾小時內可泡製完成的葷泡菜。

葷泡菜泡好後一律放入冰箱冷藏貯存，最佳食用時間為1～3天內，才能體驗最佳風味與口感。時間久了，口感不佳的同時也會走味，且腐敗機率大增，可能影響健康。

4. 泡製器皿與泡菜鹽水

葷泡菜的泡製目的是「入味」，不須、也沒有發酵過程的參與，因此泡器皿主要選用玻璃器皿、不銹鋼盆、湯桶等。

葷泡菜鹽水都是一次性的製作和運用，最忌反覆多次使用，容易出現敗味與腐敗問題。

5. 泡製時間

泡葷泡菜時間根據泡製的食材品種不同，泡製入味時間長短也有所區別，一般來說含膠原蛋白較重的食材，泡製時間要稍微長一點，多6小時以上，如：鳳爪、豬耳、豬尾等。經過花刀及改刀成片狀，或食材本身就小的食材，其泡製時間一般較短，多6小時以內，如：豬心、鮮蝦、鮮鮑魚等。

成都市羊市街西延線的餐飲火爆催生出著名的一品天下美食街，匯聚、催生出大量知名餐飲品牌。

052 泡鳳爪

特　　點：酸辣味濃，爽口不膩
類　　型：其他型泡菜—葷泡菜
食用方式：直接食用

泡鳳爪誕生於 1980 年代的酒樓，在當時可說是獨門的創新特色菜，作者舒國重就是發明人之一，之後更開發出一系列的葷泡菜，讓川味泡菜風采更加多樣。

今日的泡鳳爪已成為休閒食品，隨處可買，但只有品嘗過手工製作的泡鳳爪才能明白這道泡菜為何成為當時的爆款菜，至今仍備受喜愛且成為經典。

◆ 原料

雞爪 400 克，泡小米辣椒 100 克，泡小米辣椒鹽水 200 克，鮮紅小米辣椒 70 克，生薑 5 克，花椒 2 克，料酒 15 克，白醋 15 克，食鹽 20 克，大蒜瓣 20 克，味精 2 克，西洋芹 50 克，白糖 20 克，礦泉水 1100 克

四川內江市隆昌縣擁有清朝遺留的石刻牌坊群，共有 17 座石牌坊和 4 座石碑，建造工藝精湛、精雕細琢，主要分佈在隆昌市區的北關和南關。圖為北關景區的石牌坊群。

◆ 做法

1. 將雞爪洗淨斬去爪尖，斬成兩節後下入鍋內，再放入約 1.5 公升清水、生薑、花椒、料酒及雞爪，用旺火燒沸去盡浮沫。
2. 煮約 10 分鐘後將雞爪撈入涼水中沖涼後撈出，放入乾淨盆中，置於水龍頭下，以適當水量持續沖漂至雞爪表面白淨為止，撈出待用。
3. 泡小米辣椒鹽水倒入玻璃罈內，加入鹽、味精、白糖、白醋、礦泉水溶化、攪均勻。
4. 泡小米辣椒切成短節，鮮紅小米辣椒切短節，西洋芹切短節，大蒜拍破，全部放入玻璃罈內，再放入沖漂至白淨的雞爪，泡製 10～12 小時即可食用。

◆ 技術關鍵

1. 雞爪不宜煮製過久，剛熟即可，煮久了成品口感容易變 㶽、軟爛。
2. 煮熟雞爪必須用冷水沖漂的另一目的是沖乾淨油脂，因油脂會讓泡菜鹽水變得容易混濁，甚至敗壞。
3. 泡製鹽水根據個人喜好也可酌情添加香料、糖及老泡菜鹽水。
4. 礦泉水可用涼開水替代。

053 泡鳳冠

特　　點：質地質地脆嫩，鹹酸微辣
類　　型：其他型泡菜－葷泡菜
食用方式：直接食用

◆ 原料
雞冠 300 克，泡小米辣椒 100 克，泡小米辣椒鹽水 200 克，蒜薹 50 克，鮮紅小辣椒 25 克，食鹽 15 克，仔薑 25 克，紅糖 20 克，老泡菜鹽水 100 克，生薑 10 克，大蔥節 15 克，料酒 15 克，涼開水 400 克，八角 1 個，花椒 2 克

◆ 做法
1. 將雞冠洗淨，放入適當的鍋內摻清水，加入生薑（拍破）、大蔥節、料酒、花椒 1 克，煮至剛熟後撈出，撕去表面筋膜，用清水沖涼待用。
2. 泡小米辣椒、鮮紅小辣椒切短節，蒜薹切節，仔薑切片。
3. 將泡小米辣椒節及汁水一起放入盆內或玻璃罐中，加入老泡菜鹽水、食鹽、紅糖（切碎）、八角、花椒 1 克、鮮紅小辣椒節、蒜薹節、仔薑片一起攪均勻，再放入雞冠泡製大約 10 小時即可。

◆ 技術關鍵
1. 煮雞冠時須打盡浮沫血泡。
2. 必須用涼水沖漂盡油脂，因油脂會讓泡製的鹽水容易變濁、敗壞。
3. 若沒有老泡菜鹽水，可以用泡小米辣椒的鹽水，加適量白醋、礦泉水替代。

Creative
paocai

152

054 泡烏雞

特　　點：酸辣可口，質地化渣
類　　型：其他型泡菜－葷泡菜
食用方式：直接食用

◆ 原料

理淨烏雞半只（約 600 克），泡小米辣椒 100 克，泡小米辣椒鹽水 200 克，老泡菜鹽水（見 P045）300 克，鮮紅小米辣椒 50 克，紅糖 25 克，食鹽 20 克，鮮青花椒 20 克，味精 2 克，生薑片 20 克，乾花椒 2 克，蒜片 10 克，大蔥節 25 克，料酒 15 克

◆ 做法

1. 將烏雞洗淨後入鍋，加入清水、生薑片、花椒、大蔥節、料酒，中大火煮至剛熟，撈入涼水中沖冷。
2. 將涼冷熟烏雞用刀改成小塊狀後，下入涼水漂盡油脂後，瀝水晾乾待用。
3. 泡小米辣椒、鮮紅小米辣椒分別切成短節放入盛器內，加入老泡菜鹽水、切細的紅糖、食鹽、鮮青花椒、蒜片、味精攪勻成泡菜鹽水，放入晾乾烏雞塊，泡製 8～10 小時即可食用。

◆ 技術關鍵

1. 烏雞不宜選用過大過老的雞，口感較不細緻，仔雞最佳。
2. 煮烏雞不可煮至太軟，時間宜短，斷生即可。
3. 若沒有老泡菜鹽水可用，就用涼開水或者礦泉水 250 克加食鹽 25 克及額外的 50 克泡小米辣椒鹽水調製的鹽水替代。

雅安市滎經是棒棒雞的起源地之一，菜名源自以棒槌協助將肉連骨切成薄片，輔以紅油味，成菜滋味濃厚、肉鮮香。

第四篇　萬物皆可泡之創意泡菜

055 泡鴨胗花

特　　點：形色美觀，酸辣微麻
類　　型：其他型泡菜－葷泡菜
食用方式：直接食用

◆ 原料

鴨胗 500 克，泡小米辣椒 200 克，泡小米辣椒鹽水 400 克，洋蔥 50 克，紅甜椒 50 克，白醋 25 克，食鹽 20 克，味精 2 克，生薑片 10 克，大蔥節 20 克，青花椒 20 克，料酒 15 克，白糖 15 克，礦泉水 1100 毫升

◆ 做法

1. 將鴨胗洗淨，用刀片去筋膜，再剞上花刀，切成塊狀。
2. 鍋內摻清水燒沸，放入生薑片、大蔥節和青花椒 5 克，中火熬製 10 分鐘，再把鴨胗放入鍋內加入料酒，煮約半分鐘剛熟即可撈出，放入流動清水中沖涼備用。
3. 泡小米辣椒切短節，洋蔥切小塊，紅甜椒切小塊。
4. 把泡小米辣椒及泡小米辣椒鹽水同白醋、食鹽、味精、青花椒 15 克、白糖、礦泉水兌成泡菜鹽水，放入鴨胗花、洋蔥塊、紅甜椒塊並輕攪勻，泡製 6～8 小時即可。

◆ 技術關鍵

1. 鴨胗務必去盡筋膜，才容易咀嚼。
2. 焯水、煮燙鴨胗花時間不宜過長，斷生即可，久了口感老韌。
3. 可根據口味喜好在泡菜鹽水中酌情添加香料、佐料。
4. 礦泉水可用涼開水替代。

眉山市洪雅縣有「中國藤椒之鄉」的美名，藤椒具有清香味突出、麻感柔和的特點，屬於青花椒大類中的一個地方品種，因枝條長、軟如藤而得名，用其製作的藤椒油完整保留這美味特點而廣受歡迎。

Creative paocai

056 泡鴨掌

特　　點：爽口彈牙，酸辣清鮮
類　　型：其他型泡菜－葷泡菜
食用方式：直接食用

◆ 原料

去骨鴨掌 10 只，泡小米辣椒 200 克，泡小米辣椒鹽水 400 克，鮮紅小米辣椒 30 克，食鹽 20 克，白醋 15 克，白糖 10 克，味精 2 克，仔薑片 25 克，礦泉水 1100 毫升，生薑片 10 克，花椒 10 粒，料酒 15 克

◆ 做法

1. 去骨鴨掌洗淨，放入清水鍋內，加入生薑片、花椒、料酒煮至熟透，撈入清水中漂涼，再以流動清水漂盡油脂，待用。
2. 泡小米辣椒及鮮紅小米辣椒分別切成短節，放入盛器內，加入泡小米辣椒鹽水，再放入食鹽、白醋、白糖、味精、仔薑片、礦泉水攪拌均勻成泡菜鹽水，放入漂淨油脂的鴨掌泡製 5～6 小時即可

◆ 技術關鍵

1. 鴨掌不宜煮得過於炽軟，會喪失彈牙口感。
2. 鴨掌若較大，可用刀斬小，便於泡製
3. 一定要用清水沖盡油脂，因油脂會讓泡菜鹽水容易變濁、敗壞。
4. 葷泡菜的泡菜鹽水不適合重複利用，現用現調滋味最佳。

Creative
paocai

057 泡椒蹄花

特　　點：椒香酸辣，質地可口
類　　型：其他型泡菜－葷泡菜
食用方式：直接食用

◆ 原料

豬腳兩只（約 800 克），泡小米辣椒 200 克，泡小米辣椒鹽水 400 克，乾辣椒節 25 克，鮮青花椒 15 克，食鹽 25 克，白醋 15 克，白糖 20 克，味精 2 克，洋蔥碎 50 克，紅辣椒節 25 克，礦泉水 1100 克，生薑 10 克，大蔥 20 克，料酒 20 克，乾花椒 3 克

◆ 技術關鍵

1. 豬蹄也可生砍成塊再煮熟，連骨泡製。
2. 豬蹄不宜煮至過軟，太軟成品口感容易變軟爛。
3. 煮熟豬蹄必須冷水沖盡外層油脂才能泡製，因油脂會讓泡菜鹽水容易變濁，敗壞。
4. 若沒有鮮青花椒可用冷凍保鮮青花椒代替。
5. 礦泉水可用涼開水替代。

◆ 做法

1. 將豬腳刮洗乾淨去淨殘毛，放入適當的湯鍋中摻清水淹沒，加入生薑（拍破）、挽成結的大蔥、料酒、花椒以大火燒沸後，掃盡浮沫。
2. 轉中火煮至豬蹄軟熟後撈出放入涼水中沖漂乾淨漂浮的油脂，用刀剔去骨後切成小塊狀，再次用清水漂起備用。
3. 將泡小米辣椒切碎放入盆內，加入泡小米辣椒鹽水、乾辣椒節，鮮青花椒、食鹽、白醋、白糖、味精、洋蔥碎、紅辣椒節、礦泉水一併攪勻成鹽水。
4. 將蹄花撈出清水放入調製好的泡菜鹽水中泡製 7～8 小時即成。

雅安市城區，跨越青衣江的「雅州廊橋」，全長 240 公尺，是目前全中國最長廊橋。

058 泡辣腰花

特　　點：酸鮮辣爽，質地脆嫩
類　　型：其他型泡菜－葷泡菜
食用方式：直接食用

◆ 原料

大白豬腰2個（約600g），泡小米辣椒100克，泡小米辣椒鹽水200克，老泡菜鹽水（見P045）300克，鮮紅小米辣椒25克，檸檬1個，白糖5克，洋蔥絲50克，食鹽15克，生薑片15克，香菜10克，芹菜10克，味精2克，料酒5克，涼開水500克

◆ 做法

1. 豬腰撕盡筋膜，先去腰臊，切花刀，切成鳳尾形，用清水沖漂盡血水。
2. 鍋中燒沸水，漂淨的鳳尾腰花分兩次入鍋燙製成熟，隨即放入清涼水中沖冷。
3. 鮮紅小米辣椒、泡小米辣椒、香菜、芹菜分別切短節，檸檬切片。
4. 將切好的鮮紅小米辣椒節、泡小米辣椒節、香菜節、芹菜節、泡小米辣椒鹽水、老泡菜鹽水、檸檬片、洋蔥絲、生薑片一併放入容器內，加入食鹽、白糖、味精、料酒、涼開水調均勻後，再將腰花放入泡製1～2小時即可。

◆ 技術關鍵

1. 應選無血水的大白豬腰為佳，異味少，顏色佳。
2. 腰花以汆燙斷生剛熟的口感最佳，因此應分多次、小量入沸水鍋短時間汆燙熟，不宜全部一次下鍋慢煮至熟，口感容易變得綿軟。
3. 腰花泡製時間宜短，口感才佳。
4. 香菜、芹菜在泡製時就加入，可增加清香感，裝盤時可另備新鮮的。
5. 葷泡菜的泡菜鹽水不適合重複利用，現泡現調，滋味最佳。

059 泡豬尾

特　　點：色澤明快，酸辣爽口
類　　型：其他型泡菜－葷泡菜
食用方式：接食用

◆ 原料

豬尾2根（約500克），青豆100克，泡小米辣椒200克，泡小米辣椒鹽水400克，青小米辣椒10克，紅小米辣椒15克，食鹽20克，白糖15克，白醋20克，味精2克，礦泉水1100毫升，料酒15克，花椒1克，生薑20克，大蔥節15克

◆ 做法

1. 將豬尾拈盡殘毛洗淨後，斬成短節，入涼水鍋，加料酒、花椒、生薑（拍破）大蔥節煮至熟軟後撈出，入清水中沖盡油脂，晾乾待用。
2. 將青豆入沸水中汆煮剛熟，即刻撈出放入清水中沖涼後，再撈出瀝水，待用。
3. 將泡小米辣椒汁水放入罈內，分別把泡小米辣椒、青小米辣椒、紅小米辣椒切成短節放入玻璃罈內，再加入食鹽，白糖，白醋，味精，礦泉水攪均勻後，放入煮熟沖涼的豬尾、青豆泡製8～10小時即可。

◆ 技術關鍵

1. 豬尾不宜斬至太長，宜短小一點，方便食用也容易入味。
2. 豬尾不要煮得太軟，成品容易變得軟爛不成形，整體爽口感大減。
3. 必須用涼水沖漂盡油脂，因油脂會讓泡製的鹽水容易變濁、敗壞。
4. 泡製的泡菜鹽水可根據喜好添加適量香料或佐料。
5. 礦泉水可用涼開水替代。

位於樂山金口河大峽谷懸崖上的古路村村民唯一的進出通道就是懸崖上開出的步道，上下一趟要4~6小時，現修有索道纜車，提供一個相對方便的上山進村選擇。

060 泡黃喉

特　　點：色白美觀，酸辣脆嫩
類　　型：其他型泡菜－葷泡菜
食用方式：直接食用

Creative
paocai

◆ 原料

鮮黃喉 350 克，泡小米辣椒 200 克，泡小米辣椒鹽水 400 克，鮮紅小米辣椒 50 克，大蒜 20 克，鮮青花椒 20 克，食鹽 20 克，味精 2 克，西洋芹 150 克，料酒 15 克，生薑 10 克，花椒 2 克，白糖 20 克，礦泉水 1100 毫升

◆ 做法

1. 將鮮黃喉撕除血筋洗淨，切成 5 刀一斷的「佛手形」。
2. 鍋內摻適量清水，放入生薑、花椒煮沸，再放料酒，隨即把黃喉入鍋的焯一水燙熟撈出，放入涼水中沖漂冷，撈出、晾乾水份。
3. 鮮紅小米辣椒、泡小米辣椒分別切成短節，西洋芹去筋切成條塊，大蒜切片。
4. 將泡小米辣椒節、鮮紅小米辣椒節、鮮青花椒、食鹽、味精、白糖、蒜片、礦泉水放入盛器內攪勻成泡菜鹽水，放入涼熟黃喉、西洋芹條塊泡製 5～6 小時即可。

◆ 技術關鍵

1. 黃喉不宜久煮，斷生即可，久了口感老韌。
2. 焯水後須用流動清淨水漂冷透。
3. 泡黃喉泡好後最好當天食用完畢，貯存時間不能超過三天，時間長了會發黑，味太重。
4. 可根據口味喜好在泡菜鹽水中酌情添加香料、佐料。
5. 鮮青花椒即冷凍保鮮青花椒；礦泉水可用涼開水替代。

第四篇　萬物皆可泡之創意泡菜

遂寧市特色小吃「芥末春捲」，入口甜酸微辣，一股沖上腦門的味感是最大特色，多數是現買現做現吃，一口一個，十分過癮，當地剛放學的學生都擋不住那沖腦殼的過癮。

161

061 泡豬耳片

特　　點：香脆酸辣，開胃爽口
類　　型：其他型泡菜－葷泡菜
食用方式：直接食用

◆ 原料

豬耳300克，鮮紅小米辣椒25克，泡小米辣椒100克，泡小米辣椒鹽水200克，食鹽15克，青筍75克，芹菜桿50克，大蒜瓣4個，白糖20克，老泡菜鹽水（見P045）100克，生薑15克，料酒15克，花椒2克，八角1顆，涼開水500克

◆ 做法

1. 將豬耳去盡殘毛洗乾淨，入鍋內摻清水，加入生薑、料酒、花椒用中大火煮至剛熟就撈出，漂入涼水中冷卻後撈出，切成條再用清水沖漂盡油脂待用。
2. 把鮮紅小米辣椒、泡小米辣椒切成短節，青筍去皮切條，芹菜桿切長節，大蒜切片。
3. 將步驟1和2理好的各料放入玻璃罐，灌入老泡菜鹽水，加入泡小米辣椒鹽水、食鹽、白糖、花椒及涼開水攪勻後蓋上蓋子，常溫中泡24小時即可。

◆ 技術關鍵

1. 豬耳煮製時須在煮沸時掃去浮沫，可減少異味。
2. 煮製豬耳時間不宜太長，煮至剛熟即可，久煮容易過軟，令成品口感不爽口。
3. 熟豬耳切片或條均可，但必須用清涼水沖漂盡油脂，因油脂會使泡菜鹽水容易變濁、敗壞。
4. 青筍片久泡口感發綿、發軟，條件許可的話可改為食用前1小時再下入泡製，口感更脆爽，做法為用鹽漬青筍片10分鐘，瀝乾水份後再下入罐中泡製約30分鐘，即可與泡豬耳片一起撈出食用。

062 泡心片

特　　點：滋潤鮮香，酸辣可口
類　　型：其他型泡菜－葷泡菜
食用方式：直接食用

◆ 原料

豬心子一只（約 350 克），鮮紅小米辣椒 25 克，泡小米辣椒 100 克，泡小米辣椒鹽水 200 克，食鹽 15 克，白醋 10 克，白糖 10 克，鮮青花椒 3 克，味精 2 克，涼開水 500 克，料酒 10 克，生薑片 10 克，大蔥節 15 克

◆ 做法

1. 將豬心子洗淨血水，切成兩半，放入鍋內摻水淹沒，加入料酒、生薑片、大蔥節煮至剛熟撈出沖涼。
2. 涼熟豬心子切成薄片，再用清水沖盡油脂，撈出瀝水。
3. 鮮紅小米辣椒、泡小米辣椒分別切成短節後放入盛器內，倒入泡小米辣椒鹽水，加入食鹽、白醋、白糖、鮮青花椒、味精、涼開水攪勻成泡菜鹽水。
4. 加入瀝乾水的豬心片，泡製 2～3 小時即可。

◆ 技術關鍵

1. 豬心子不宜煮得過久，最好切成兩半煮至剛熟即可。
2. 切片後泡製時間不宜太長，心片的鹹酸滋味會過重，風味整體感不佳。
3. 一定要用清水沖盡油脂，因油脂會讓泡菜鹽水容易變濁、敗壞。
4. 葷泡菜的泡菜鹽水不適合重複利用，現用現調滋味最佳。

063 泡鯽魚

特　　點：酸辣味鮮，魚肉細嫩化渣
類　　型：其他型泡菜－葷泡菜　食
食用方式：直接食用

◆ 原料

鮮鯽魚 4 尾（約 500 克），泡小米辣椒 100 克，泡小米辣椒鹽水 150 克，老泡菜鹽水（見 P045）300 克，鮮紅小米辣椒 20 克，食鹽 10 克，生薑 20 克，大蔥 15 克，花椒 2 克，料酒 10 克，白醋 10 克，味精 2 克，涼開水 500 克

◆ 做法

1. 將鯽魚整理乾淨後，放盤子內加入食鹽 5 克、生薑、大蔥、花椒、料酒拌勻碼味，靜置 5 分鐘。
2. 用保鮮膜封閉嚴後入微波爐中，大火（約 1000～1200W）加熱 3 分鐘，確認完全熟後取出晾冷。
3. 泡小米辣椒切碎，鮮紅小米辣椒切成 2 公分的短節，放入盛器內。
4. 加入泡小米辣椒鹽水、老泡菜鹽水、食鹽 5 克、花椒、白醋、味精、涼開水攪拌均勻成泡菜鹽水。
5. 將放涼的熟鯽魚輕輕地移入盛器內，泡製約 2～3 小時即可食用。

◆ 技術關鍵

1. 鯽魚處理時，需將鱗甲、內臟、腮、魚腩內側黑膜去乾淨，減少腥異味同時提升賞味體驗。
2. 理淨鯽魚時要注意，不能將苦膽弄破掉，苦膽破掉會影響成菜滋味，發苦。
3. 加熱時，除微波爐外，也可以入蒸籠內蒸熟，但切記蒸製時間不能過久，否則肉質變老而影響成菜效果。
4. 大批量製作時，可將泡小米辣椒、泡小米辣椒鹽水、鮮紅小米辣椒節加清水熬煮成滋水，待冷卻後替代涼開水，再加入老泡菜鹽水調製泡製鹽水，經過熬煮後的酸辣味道會更加醇厚、濃郁。

位於川北南充市的升鍾水庫通過低密度箱網生態養殖，在獲得油質漁獲之際，同時獲得「以魚淨水、以魚控水、以魚抑藻」的效益。圖為漁民捕魚盛況。

064 泡魚翅

特　　點：清香爽口，鹹酸微辣，色澤素雅
類　　型：其他型泡菜－葷泡菜
食用方式：直接食用

◆ 原料

水發魚翅 400 克，老泡菜鹽水 500 克（見 P045），鮮紅小米辣椒 10 克，嫩仔薑片 25 克，胡蘿蔔條 50 克，青筍條 50 克，鮮青花椒 10 克，芹菜節 25 克，大蒜瓣 5 克，食鹽 10 克，冰糖 10 克，涼開水 250 克

◆ 做法

1. 水發魚翅入沸水鍋中汆一水，撈出瀝乾水份備用。
2. 胡蘿蔔、青筍條用食鹽 5 克醃製 30 分鐘，備用。
3. 老泡菜鹽水加入涼開水、食鹽 5 克、冰糖、鮮紅小米辣椒、嫩仔薑片、鮮青花椒、芹菜節、大蒜攪勻，裝入罈中。
4. 再放入瀝乾魚翅，醃好的胡蘿蔔條、青筍條，輕輕攪勻，蓋上罈蓋，泡製 8～10 小時即可享用。

◆ 技術關鍵

1. 魚翅需要提前漲發透，方可泡製，未發透的魚翅帶有硬心，會頂牙，影響口感。
2. 魚翅與蔬菜原料可分開泡製，蔬菜原料的泡製時間可稍短，食用時再組合裝盤在一起，成菜整體色澤更加亮麗飽滿。
3. 泡魚翅不宜久泡再食用，魚翅容易散、斷，口感也會發軟，影響效果。
4. 沒有鮮青花椒，可用冷凍保鮮青花椒替代。

重慶市著名的洪崖洞夜景。

065 泡鮮鮑魚

特　　點：色澤美觀，酸辣味濃，質地脆嫩
類　　型：其他型泡菜－葷泡菜
食用方式：直接食用

◆ 原料

鮮鮑魚 500 克，泡小米辣椒 40 克，嫩仔薑 50 克，大紅甜椒 25 克，大黃甜椒 25 克，西洋芹 25 克，食鹽 25 克，白醋 25 克，白糖 15 克，大蒜 15 克，味精 5 克，洋蔥 15 克，料酒 15 克，生薑 5 克，大蔥 10 克，涼開水 500 克

◆ 做法

1. 鮮鮑魚剞成十字花刀，用料酒、生薑、大蔥、食鹽 5 克醃製 20 分鐘。再入開水鍋中汆煮至斷生，撈出隨即下入冰冷水中漂涼。
2. 漂涼的熟鮑魚剞上花刀，漂於涼水中備用。
3. 將大紅甜椒、大黃甜椒、西洋芹切成小塊；嫩仔薑切片；大蒜拍破；洋蔥切成粗絲。
4. 盆中放入涼開水、泡小米辣椒、食鹽 20 克、白醋、白糖、大蒜、味精攪勻，裝入泡菜罈中。
5. 放入大紅甜椒塊、大黃甜椒塊、西洋芹塊、嫩仔薑片、洋蔥絲拌勻，加入瀝乾水的鮑魚，蓋上罈蓋，泡製 5~6 小時即可裝盤成菜。

◆ 技術關鍵

1. 選用質地緊實、鮮活、個頭大小均勻的鮮鮑魚為佳。
2. 鮑魚剞上花刀主要是造型美觀，也方便入味。
3. 鮑魚汆煮時不宜久煮，肉質會過度緊縮，影響成菜的質地口感。
4. 泡鮑魚不宜長時間久泡，容易滋味過重，也影響口感，建議泡好後 24 小時內食用完畢。

Creative
paocai

066 泡海螺片

特　　點：酸辣鹹鮮，雙脆適口
類　　型：其他型泡菜－葷泡菜
食用方式：直接食用

◆ 原料

鮮海螺肉 300 克，紅小米辣椒 25 克，泡小米辣椒 50 克，食鹽 20 克，花椒粒 2 克，白醋 10 克，白糖 15 克，味精 5 克，檸檬片 10 克，芹菜節 25 克，涼開水 500 克，生薑 5 克，大蔥 10 克，料酒 10 克

◆ 做法

1. 將海螺肉洗淨、切成厚片；用生薑、大蔥、料酒醃製 20 分鐘，再入開水鍋中汆煮至斷生，撈入涼水中漂涼備用。
2. 紅小米辣椒、泡小米辣椒分別切成 1 公分的短節。
3. 取一盆加入涼開水、紅小米辣椒節、泡小米辣椒節、食鹽、花椒粒、檸檬片、芹菜節、白醋、白糖、味精攪勻，裝入泡菜罈中。
4. 將涼熟海螺片撈出瀝乾水份，裝入泡菜罈中，蓋上罈蓋，泡製 3~4 小時即可享用。

◆ 技術關鍵

1. 海螺須洗淨泥沙，切成厚片，因海螺片經過開水高溫汆燙後容易縮水，太薄將影響成菜效果。
2. 海螺片在滾水中撈一下，不宜久煮，斷生即可，久煮質地會老，影響成菜口感。
3. 泡海螺片不宜長時間久泡，容易味過重，影響口感美味，建議泡製好後 24 小時內食用完畢。

夏日的大海風情。

067 泡基圍蝦

特　　點：色澤紅潤，鮮香細嫩，開胃爽口
類　　型：其他型泡菜－葷泡菜
食用方式：直接食用

Creative
paocai

◆ 原料

鮮活基圍蝦 500 克，泡小米辣椒 80 克，青小米辣椒 10 克，生薑片 25 克，食鹽 25 克，白酒 5 克，醪糟汁 10 克，白醋 20 克，紅糖 10 克，花椒粒 1 克，大蒜瓣 10 克，味精 5 克，純淨水 1000 克

◆ 做法

1. 基圍蝦剪去蝦鬚、蝦腳洗淨；泡小米辣椒、青小米辣椒分別成切 1 公分的節；大蒜拍破。
2. 鍋入純淨水大火燒沸，放入泡小米辣椒、青小米辣、生薑片、花椒粒、紅糖熬煮出味後出鍋晾涼。
3. 瀝去料渣，調入食鹽、白酒、醪糟汁、白醋、味精、拍大蒜攪勻成泡菜鹽水，裝入罈中。
4. 將基圍蝦入開水鍋中煮至斷生，撈出放入涼水中漂涼備用。
5. 漂涼基圍蝦瀝乾水份後放入罈中，蓋上罈蓋，泡製 4 小時後即可食用。

位於成都市中心，著名的網紅地標爬樓大熊貓雕塑，此大型戶外藝術裝置「I Am Here」為藝術家 Lawrence Argent 所創作。

◆ 技術關鍵

1. 選用鮮活的基圍蝦，忌用死蝦為原料，影響成菜口感及顏色，也影響健康。
2. 純淨水可以改為老泡菜鹽水調製泡菜鹽水，這時就不需要放白醋和味精，可適當減少鹽量。
3. 煮蝦時必須要煮熟，以斷生為宜，切記久煮，肉質會變老，影響成菜口感。
4. 此菜不宜久泡，會讓成菜口感、質地變得軟爛。

068 泡墨魚仔

特　　點：酸辣爽口，質地脆嫩
類　　型：其他型泡菜－葷泡菜
食用方式：直接食用

◆ 原料

冰鮮墨魚仔 500 克，泡小米辣椒 80 克，鮮紅小米辣椒 20 克，生薑片 20 克，料酒 25 克，芹菜節 50 克，大蒜 10 克，食鹽 15 克，味精 2 克，白醋 20 克，大蔥 25 克，花椒粒 2 克，純淨水 1000 克

◆ 做法

1. 墨魚仔解凍後撕去外表粗皮，用料酒、生薑片、大蔥碼味醃製 10 分鐘以去腥味。
2. 碼好味的墨魚仔下入開水鍋中汆煮至斷生，撈出漂入冷開水中，備用。
3. 純淨水加入泡小米辣椒、鮮紅小米辣椒、芹菜節、大蒜、食鹽、味精、白醋、花椒粒攪勻，裝入泡菜罈內。
3. 將涼熟墨魚仔瀝乾水，裝入罈內，蓋上蓋子，泡製 4～5 小時即可。

◆ 技術關鍵

1. 選用大小均勻、個頭飽滿，並且肉質厚實的墨魚仔，其成菜的形與口感都較佳。
2. 墨魚仔入鍋燙煮時間不宜太久，斷生為宜，久了發老，影響成菜口感。
3. 此菜不宜長時間久泡，久泡會發綿，味道過重。
4. 泡菜鹽水的用量以淹沒原料為宜。

069 泡鮮魷魚

特　　點：色白形美，酸辣味濃，脆嫩爽口
類　　型：其他型泡菜－葷泡菜
食用方式：直接食用

Creative
paocai

◆ 原料

鮮魷魚 400 克,泡小米辣椒 80 克,泡子彈頭辣椒 15 克,生薑片 20 克,大蔥 20 克,料酒 25 克,食鹽 35 克,紅糖 10 克,醪糟汁 15 克,味精 5 克,涼開水 750 克,鮮青花椒 20 克,白醋 5 克,大蒜瓣 5 個

◆ 做法

1. 鮮魷魚漂洗乾淨,撕去筋膜。在魷魚內側斜刀交叉剖成十字花刀,刀距約為 0.5 公分,深度約為魷魚肉厚度的 2／3,然後改刀成長 5 公分、寬 3 公分的塊。
2. 大蔥切成段,大蒜切厚片。
3. 鍋上火入水燒沸,加入生薑片、大蔥段、料酒,煮約 2 分鐘再放入花刀魷魚塊汆熟成卷,隨即撈出放入冷水中漂涼備用。
4. 將涼開水、泡小米辣椒、泡子彈頭辣椒、鮮青花椒、食鹽、紅糖、醪糟汁、味精、大蒜片攪勻,裝入泡菜罐中。
5. 將魷魚卷瀝乾水,放入泡菜罐中,蓋上罐蓋,泡製 5～6 小時即可食用。

◆ 技術關鍵

1. 選肉厚、色白、質地細的鮮魷魚為佳。
2. 改好花刀的魷魚在汆煮時不宜時間太久,久了質地變老,影響成菜口感。
3. 可以將涼開水替換為老泡菜鹽水泡製,這時就不需要放白醋和味精。
4. 泡好的鮮魷魚短時間內食用,其滋味與口感都是最佳狀態,泡久了鹹酸味過重、口感也會變得綿軟。

冷冽深秋,成都市樹銀杏轉為金黃,屋頂高處的貓貓讓人覺得安逸。

第二章　泡水果、豆類及堅果

Creative
paocai

泡水果、豆類及乾果仁等在四川傳統泡菜中，也屬於有著悠久歷史的泡菜類型，因「泡」除了是一種貯備食材的方法，更是一種烹調技法。

陰錯陽差，發現新滋味

1950年代以前，地處內陸的四川，不論水陸，交通都極不方便，食材物產的往來交流十分依賴貯存技術的發展，在貯存技術選擇少的前提下，生鮮物產的交流幾乎不可能，能做貿易往來的幾乎都是乾製品。

四川本地所產的山珍、時令蔬菜、瓜果類新鮮食材要想運輸到省外銷售，也面臨同樣問題，由於無法全部及時乾製，多餘的生鮮蔬菜、瓜果就只能想各種辦法貯存，或是延長可食用的時間。

巴蜀人們就想到將各類水果食材拿來泡，一開始是想通過將水果食材放入泡菜罐中「泡」起的方式來達到貯存的目的，最後，除了糖泡法的成品與貯存效果較佳外，多數成品狀態不佳且達不到貯存的要求。現今市場上的各種糖水水果罐頭，就是屬於川菜裡的糖泡法泡菜，如：黃桃、山楂、荔枝、鳳梨、枇杷、什錦水果等。

為了貯存而做的各種嘗試過程中，萬萬沒有想到的是，在滋味上獲得全新的味覺經驗，產生許多「獨家」風味，這對「好滋味」的川人而言，絕對是更有價值的結果。

泡菜也是做菜

1980年代中期，我（舒國重）在四川新繁地區就品嘗過「泡柚子、泡蘋果、泡梨子、泡青豆」等多種意想不到的泡菜，對其滋味念念不忘！

當時的大環境，新鮮水果泡菜不易推廣，主因是運輸與貯存條件受限，離開產區的水果

四川涼山州西昌市屬於熱帶高原氣候，有「小春城」之稱，農業與果木林業發達，以品質著稱，現已通高速公路與高鐵，也是旅遊避暑勝地。圖為四川第二大湖，西昌市美麗的邛海。

就難以保證足夠新鮮，加上不是所有水果都能用於泡製，泡製環境及溫度要求也較高，使得泡水果的獨特滋味多只在特定產區或農村小範圍流傳。

今日農業技術及保鮮技術多樣，取得足夠新鮮的水果已不是問題，十分推薦做些泡水果來「一果二吃」。

通過長期經驗總結，「泡」也是一種烹調技法，於是豆類及乾果就被「好滋味」的川人放入泡菜罈子，通過泡製工藝來做出特色開胃小菜或美味菜品，現代食品工業產品化最成功的要屬超市常見的「泡椒花生」。

泡製工藝二三事

泡水果需選用脆性較大的水果，如：梨子、鳳梨、蘋果、哈密瓜、地瓜等，本身質地就比較軟的瓜果不適合製作泡菜，少部分水果可以通過泡製達到貯存效果，如李子。

乾豆類、乾果仁類應挑選無蟲蛀、黴病的，新鮮豆類、果仁則應選擇飽滿、緊實的，成菜口感才佳。

多數泡水果、豆類及乾果仁的泡製過程沒有發酵過程的參與，因此泡製器皿主要選用可

農貿市場豐富多樣的乾果、豆類等南北乾雜。

密封玻璃瓶罐、不銹鋼盆、湯桶等。

這類泡菜都是速成泡菜，沒有乳酸菌發酵參與，無法抑制雜菌、壞菌，因此不能使用微細孔洞多，容易藏雜菌、壞菌的土陶罈罐做為泡製容器。

泡水果、豆類及乾果仁的鹽水，不宜反覆多次使用，只有極個別豆類、乾果仁的鹽水可以重複使用一兩次。然而，使用一次性調製鹽水製作的泡菜風味通常比反覆使用鹽水泡製的更佳，因此這類鹽水仍建議不重複使用。

這類泡菜的加工時間及最佳品味時間都短，多數的最佳風味狀態只能維持 1～3 天，因此較少在餐飲市場上出現，大多是家庭自泡自用。

川渝地區不只平地水果、農產豐盛，到了雅安、阿壩州、涼山州等山地高原地帶，偏溫帶的水果種類與產量也都十分可觀。圖為有「花海果鄉」美名的雅安市漢源縣，每年春天，三月前後的花海美景。

070 泡梨子

特　　點：鹹甜微辣，脆嫩爽口
類　　型：其他型泡菜－水果泡菜
食用方式：直接食用

Creative
paocai

◆ 原料

雪梨 500 克，老泡菜鹽水 500 克（見 P047），食鹽 10 克，白糖 10 克，紅糖 5 克，醪糟汁 10 克，泡子彈頭辣椒 75 克

◆ 做法

1. 將雪梨洗淨放入淡鹽水（清水 500 克加鹽 8 克）中浸泡 5 分鐘去除皮澀味，撈出瀝乾水份備用。
2. 將老泡菜鹽水、食鹽、白糖、紅糖、醪糟汁放入玻璃泡菜罈內，攪勻。
3. 加入泡子彈頭辣椒、雪梨，蓋上罈蓋，摻滿罈沿水，泡製 12～24 小時即可食用。

◆ 技術關鍵

1. 雪梨果大核小、肉細皮薄是泡製的最佳品種，若沒有蒼溪雪梨也可選具有肉細皮薄特點的梨品種，如香梨、鴨梨等。
2. 若梨的皮較粗，可削皮、去核後再泡，泡製時間約為 24 小時。最好用不銹鋼刀削皮，以免含鐵太重，削開處氧化太快而變色。
3. 梨子在泡菜罈內不宜長時間久泡，泡熟後短時間內食用最為美味。久泡會喪失鮮梨的滋味特點，同時鹹酸味過重，影響美味度與口感。
4. 泡製容器也可用玻璃罐或各種食物密封罐，不可用土陶的罈或瓶罐。

成都市天府廣場。

071 泡蘋果

特　　點：口感脆爽，酸甜微辣
類　　型：其他型泡菜－水果泡菜
食用方式：直接食用

◆ 原料

蘋果 500 克，老泡菜鹽水 500 克（見 P045），食鹽 20 克，白酒 5 克，乾辣椒 10 克，紅糖 15 克

◆ 做法

1. 將蘋果去核後再切成六等分的瓣狀，用清水浸泡備用。
2. 老泡菜鹽水、食鹽、白酒、乾辣椒、紅糖一併裝入玻璃罈內，攪拌均勻即成泡菜鹽水。
3. 蘋果塊撈出，瀝乾水份，下入罈中浸泡 1 天後即可享用。

◆ 技術關鍵

1. 蘋果選用個頭大小均勻、無傷痕、肉質結實。
2. 蘋果在初加工處理時應及時泡入清水中，避免蘋果切口變色發黑，影響成菜美觀。
3. 水果類的菜餚泡製時間不宜太長，以免影響成菜口感。
4. 泡製容器也可用玻璃罐或各種食物密封罐。

Creative paocai

072 泡柚子

特　　點：晶瑩透亮，新穎別致，口感鹹甜酸辣
類　　型：其他型泡菜－水果泡菜
食用方式：直接食用

◆ 原料

白肉柚子 800 克，老泡菜鹽水 500 克（見 P047），食鹽 20 克，白糖 15 克，醪糟汁 10 克，泡子彈頭辣椒 75 克

◆ 做法

1. 將白肉柚子去皮、去膜，逐一剝出柚子肉。放入清水中浸泡約 5 分鐘，撈出瀝乾水份備用。
2. 將老泡菜鹽水、食鹽、白糖、醪糟汁放入玻璃罈內溶化、攪勻，再放入泡子彈頭辣椒、柚子肉，蓋上罈蓋，摻滿罈沿水，泡約 24 小時左右即可食用。

◆ 技術關鍵

1. 選新鮮、飽滿、無怪味的白肉柚子，如重慶梁平白肉柚。
2. 剝柚子肉時，應保持柚子肉的完整不散，成型才美觀。
3. 泡製時間不一定要到 24 小時，確認有泡入味即可食用，不宜久泡，泡久了，柚子本味會被過重的鹹酸味掩蓋且口感發軟。
4. 泡製容器也可用玻璃罐或各種食物密封罐。

第四篇　萬物皆可泡之 創意泡菜

四川自貢市鹽業歷史博物館，原為陝西會館，主供關羽神位，亦名關帝廟，俗稱陝西廟，是會館與神廟相結合的建築群，建於清．乾隆年間。

073 泡馬蹄

特　　點：鮮香脆嫩，鹹甜酸辣
類　　型：其他型泡菜－水果泡菜
食用方式：直接食用

◆ 原料

鮮馬蹄 500 克，老泡菜鹽水 500 克（見 P045），食鹽 15 克，紅糖 5 克，白糖 15 克，白酒 5 克，醪糟汁 10 克，泡子彈頭辣椒 75 克

◆ 做法

1. 將馬蹄逐一削去外表粗皮，放入清水中淘洗乾淨。
2. 用沸水將去皮洗淨的馬蹄快速汆一水，撈出後迅速漂入冷水中漂涼。
3. 將老泡菜鹽水、食鹽、紅糖、白糖、白酒、醪糟汁倒入玻璃泡菜罈內攪勻。
4. 放入泡子彈頭辣椒和涼熟馬蹄，蓋上罈蓋，摻滿罈沿水，泡上 24 小時左右即可食用。

◆ 技術關鍵

1. 應選新鮮、個頭大小均勻、質嫩、無蟲蛀的馬蹄，確保美味與健康。
2. 外表粗皮需削除乾淨，否則影響成菜口感及美觀度。
3. 馬蹄入開水內不能久煮，汆燙目的是只讓外層斷生，加上快速用冰水降溫至涼，則能保住內部的鮮脆度及外部的色澤美觀，可較好的保持成菜口感脆爽度。
4. 馬蹄正名為「荸薺」，又名馬薺、馬薯，不僅可烹製入菜又可作為水果食用。
5. 泡製容器也可用玻璃罐或各種食物密封罐。

074 泡鳳梨

特　　點：質地爽口，鹹甜酸辣味感獨特
類　　型：其他型泡菜－水果泡菜
食用方式：直接食用

鳳梨為熱帶水果，又名菠蘿，在閩南語中與「旺來」諧音，原產於南美洲，當代新品種大多香甜多汁，因此廣受喜愛。

◆ 原料

淨鳳梨肉 500 克，老泡菜鹽水 500 克（見 P045），食鹽 15 克，白糖 10 克，紅糖 5 克，白酒 5 克，醪糟汁 10 克，泡子彈頭辣椒 50 克，大蒜瓣 5 個

◆ 做法

1. 將鳳梨肉洗淨去心部，切成小塊狀。入淡鹽水（清水 500 克加食鹽 8 克）浸泡 2 分鐘，撈出瀝乾備用。
2. 將老泡菜鹽水、食鹽、白糖、紅糖、白酒、醪糟汁裝入玻璃泡菜罈內溶化、攪勻。
3. 大蒜瓣、泡子彈頭辣椒放入罈內，再加入鳳梨塊，蓋上罈蓋，摻滿罈沿水，泡 48 小時即可食用。

◆ 技術關鍵

1. 選用質地新鮮、個大無蟲蛀的黃心鳳梨。
2. 去皮後的鳳梨用淡鹽水浸泡的目的是去除鳳梨的澀味。
3. 鳳梨泡好後應盡快食用，不適合長久貯存，泡久了風味、口味、口感都不佳。
4. 泡製容器也可用玻璃罐或各種食物密封罐，不可用土陶的罈或瓶罐。

南方農村自家門前種的鳳梨。

075 泡枇杷

特　　點：止咳化痰，入口香甜
類　　型：其他型泡菜－水果泡菜
食用方式：直接食用

Creative paocai

◆ 原料

枇杷 1 公斤，冰糖 500 克，蜂蜜 200 克，純淨水 400 克

◆ 做法

1. 將枇杷沖洗乾淨，瀝乾水份後去皮備用。
2. 純淨水入鍋上火燒沸，放入冰糖熬化再加入蜂蜜，攪勻後就離火，晾涼備用。
3. 將瀝乾的五星枇杷裝入玻璃罈內，再灌入熬製好的冰糖水，蓋上罈蓋，摻滿罈沿水，泡製 3～7 天後即可。

◆ 技術關鍵

1. 選用四川龍泉驛新鮮、個頭大小均勻、色澤均勻、無蟲蛀、香甜的五星枇杷，效果最佳。
2. 冰糖水不宜太稠，否則影響成菜裝盤效果。
3. 此菜屬於糖泡法，十分適宜長期貯存食用，有很好的食療價值。
4. 泡製容器也可用玻璃罐或各種食物密封罐，不可用土陶的罈或瓶罐。

龍泉驛市成都周邊最著名的水果產區，每年三四月桃花、李花、梅花盛開，吸引城裡人前往賞花、休閒，也是枇杷開始成熟的季節。

076 泡香瓜

特　　點：色澤美觀，脆爽香鮮，鹹甜酸辣
類　　型：其他型泡菜－水果泡菜
食用方式：直接食用

◆ 原料

香瓜 500 克，老泡菜鹽水 500 克（見 P045），食鹽 20 克，白糖 5 克，紅糖 5 克，白酒 5 克，泡子彈頭辣椒 25 克，八角 2 個，大蒜瓣 2 個，生薑片 2 片

◆ 做法

1. 香瓜洗淨，用刀剖成兩半，去瓜瓤和籽，再切成小塊。
2. 將老泡菜鹽水、食鹽、白糖、紅糖、白酒裝入玻璃泡菜罈內攪勻、溶化。
3. 大蒜瓣、生薑片、八角、泡子彈頭辣椒放入罈內，再放入香瓜塊，蓋上罈蓋，摻滿罈沿水，浸泡 24 小時即可食用。

◆ 技術關鍵

1. 選新鮮、無蟲蛀、肉厚的香瓜。
2. 八角、大蒜、生薑的用量宜少不宜多，以免蓋去香瓜氣味。
3. 此菜不宜久泡，即泡即食。
4. 泡製容器也可用玻璃罐或各種食物密封罐，不可用土陶的罈或瓶罐。

077 泡李子

特　　點：酸辣開胃，入口脆爽
類　　型：其他型泡菜－水果泡菜
食用方式：直接食用

◆ 原料

江安李 1000 克，老泡菜鹽水 1000 克（見 P045），食鹽 15 克，紅糖 20 克，醪糟汁 20 克，紅小米辣椒 30 克

江安李，是黃李子的近親品種。

◆ 做法

1. 李子淘洗乾淨，晾乾水份備用。
2. 將老泡菜鹽水、食鹽、紅糖、醪糟汁、紅小米辣椒裝入罈中，充分攪勻。
3. 晾乾水份的李子放入罈內，蓋好罈蓋，摻滿罈沿水，泡製 5 天即可。

◆ 技術關鍵

1. 除川南特產的江安李外，多數肉質緊實、脆口的李子品種都可泡製，如端午後的黃李子，又名桃花李、端午李，個大、皮薄色澤金黃，肉質細、脆、甜。
2. 泡李子不宜久存，建議 10 天內食用完畢，滋味、口感最佳。
3. 泡製容器也可以用玻璃罐或各種食物密封罐，不可用土陶的罈子或瓶罐。

川南農村屋前種的黃李子。

第四篇　萬物皆可泡之創意泡菜

Creative
paocai

078 泡板栗

特　　點：色澤淡黃，質地脆爽
類　　型：速成型泡菜
食用方式：直接食用

◆ 原料

板栗 400 克，出胚鹽水 250 克，老泡菜鹽水 500 克（見 P045），食鹽 20 克，白酒 5 克，醪糟汁 5 克，紅糖 10 克，乾辣椒節 15 克，八角 2 個，花椒粒 1 克

◆ 做法

1. 將板栗去殼、去皮洗淨，用出胚鹽水泡製出胚 2 天後，撈出晾乾水份。
2. 老泡菜鹽水加入食鹽、白酒、醪糟汁、紅糖、乾辣椒節、八角、花椒粒攪勻，裝入玻璃泡菜罈內。
3. 把已出胚、晾乾的板栗放入罈中，蓋上罈蓋，摻足罈沿水，泡製 5～6 天即可食用。

◆ 技術關鍵

1. 應選個頭均勻、無蟲蛀的板栗，也可用罐頭成品板栗代替，可省下出胚時間，但口感較不脆爽、滋味也稍差。
2. 泡製前充分出胚可去除板栗的生澀味，也更方便入味。
3. 泡板栗不宜久存，影響風味與口感，泡好後 7～10 天內是最佳滋味狀態。

深秋的栗子林。

079 泡花生仁

特　　點：色澤潔白，鹹酸微辣，清脆爽口
類　　型：速成型泡菜
食用方式：直接食用

◆ 原料

鮮花生仁 250 克，老泡菜鹽水 250 克（見 P045），泡小米辣椒 80 克，鮮紅小米辣椒 10 克，食鹽 10 克，花椒粒 1 克，大蒜瓣 4 個，白酒 5 克，紅糖 10 克

Creative
paocai

◆ 做法

1. 將鮮花生仁下入剛離火的熱開水中，適度攪勻後靜置浸泡並且自然降溫，4 小時後逐一去除花生仁外皮，漂入清水中備用。
2. 將泡小米辣椒、鮮紅小米辣椒分別切成 1 公分的短節。
3. 老泡菜鹽水加入泡小米辣椒、鮮紅小米辣椒節、食鹽、花椒粒、大蒜瓣、白酒、紅糖攪勻，裝入玻璃泡菜罈中。
4. 將去外皮後的花生仁瀝乾水份，裝入罈中，蓋上罈蓋，摻足罈沿水，泡製 24 小時後即可食用。

◆ 技術關鍵

1. 應選顆粒均勻、大小一致的花生。
2. 泡製的時間應依據花生仁顆粒平均大小作微調，以花生仁充分入味即可。
3. 也可不去皮，連花生仁外衣一起泡製，缺點是顏色暗沉、欠缺光澤度，影響成菜美觀。

位於川西的彭州桂花鎮自明朝起就是知名土陶產區，現因產業轉移及環保需要，僅存一座龍窯並開發成文創園區。

第四篇　萬物皆可泡之 **創意泡菜**

080 泡鮮豌豆

特　　點：色澤翠綠美觀，鹹酸微辣爽口
類　　型：速成型泡菜
食用方式：直接食用

◆ 原料
鮮豌豆米 500 克，老泡菜鹽水 550 克（見 P045），食鹽 30 克，白酒 5 克，紅糖 15 克，醪糟汁 10 克，乾辣椒段 10 克，香料包（見 P047）

◆ 做法
1. 將鮮豌豆米洗淨晾乾，入開水鍋中氽一水後撈出，再入冷水中漂晾後撈出，瀝乾水份備用。
2. 老泡菜鹽水加入食鹽、白酒、紅糖、醪糟汁、乾辣椒段攪勻，倒入玻璃泡菜罈內。
3. 加入瀝乾豌豆米、香料包，輕輕攪勻後蓋上罈蓋，摻足罈沿水，泡製約 2 天即可食用。

◆ 技術關鍵
1. 選用新鮮、質嫩、顆粒大小均勻、肉質飽滿的豌豆。
2. 泡製時也可以不加香料包，只加少量的八角、紅花椒粒。
3. 豌豆氽燙時間不宜太長，入鍋後應迅速撈出下入涼水冷卻，才能保持豌豆表面光滑，成菜才美觀。
4. 此菜泡製時間不宜過久，容易變色、變味。

081 泡紅腰豆

特　　點：酸辣味濃，質地粉糯
類　　型：速成型泡菜
食用方式：直接食用

◆ 原料

無調味罐頭紅腰豆（紅芸豆）200 克，泡小米辣椒 80 克，鮮紅小米辣椒 5 克，食鹽 10 克，白糖 5 克，味精 1 克，白醋 10 克，泡小米辣椒鹽水 100 克，涼開水 150 克

◆ 做法

1. 將無調味罐頭裝紅腰豆用清水沖淨後瀝乾。
2. 將泡小米辣椒、鮮紅小米辣椒分別切成 1 公分的節。
3. 將泡小米辣椒、鮮紅小米辣椒節放入盆中，調入食鹽、白糖、味精、白醋、泡小米辣椒鹽水、涼開水攪勻，裝入玻璃泡菜罈內。
4. 再將紅腰豆放入罈中，蓋上罈蓋，摻足罈沿水，泡製 24 小時即可。

◆ 技術關鍵

1. 選用無調味罐頭紅腰豆取其方便、快捷，但是需要將紅腰豆中的罐頭味漂洗乾淨，否則影響成菜風味。
2. 泡紅腰豆泡製好後不宜久存。

082 泡鮮蠶豆

特　　點：色澤翠綠，鹹香微辣，質嫩清香
類　　型：速成型泡菜
食用方式：直接食用

◆ 原料

鮮蠶豆米 500 克，出胚鹽水 250 克（見 P044），老泡菜鹽水 550 克（見 P045），食鹽 30 克，白酒 5 克，紅糖 10 克，醪糟汁 10 克，泡小米辣椒 20 克，乾紅辣椒 10 克，八角 2 個，花椒粒 1 克，大蒜瓣 2 個

◆ 做法

1. 鮮蠶豆洗淨後入開水鍋中煮至斷生，再放入出胚鹽水中浸泡 6 小時撈出。

2. 老泡菜鹽水加入食鹽、白酒、紅糖、醪糟汁、泡小米辣椒、乾紅辣椒、花椒粒、八角、大蒜瓣攪拌均勻，倒入玻璃泡菜罈子內。

3. 放入出胚好的蠶豆米後蓋上罈蓋，摻足罈沿水，泡製 2 天後即可食用。

◆ 技術關鍵

1. 選用當季鮮嫩、大小均勻、無蟲蛀的蠶豆為佳，非當季時也可使用冷凍保鮮蠶豆米。

2. 也可選用未去粗皮的鮮蠶豆泡製，泡製時間為 2～3 天，成菜色澤青黃，滋味亦佳。

3. 泡鮮蠶豆不宜久泡貯存，容易變暗及口感炣軟。

083 泡大雪豆

特　　點：質地粉糯、酸辣可口。
類　　型：速成型泡菜
食用方式：直接食用

◆ 原料

大雪豆（白雲豆）250 克，老泡菜鹽水 500 克（見 P045），泡小米辣椒節 80 克，鮮紅小米辣椒節 10 克，食鹽 15 克，白酒 5 克，醪糟汁 5 克，紅糖 15 克，八角 2 克，花椒粒 1 克，大蒜瓣 5 個

◆ 做法

1. 將大雪豆用清水浸泡 12 小時後，撈出入開水鍋中小火煮約 8 分鐘至熟透，撈出瀝水後漂入涼冷水中至涼透。
2. 老泡菜鹽水加入泡小米辣椒節、鮮紅小米辣椒節、食鹽、白酒、醪糟汁、紅糖、八角、花椒粒、大蒜瓣攪勻，裝入玻璃泡菜罈內。
3. 將煮好漂涼的雪豆瀝乾水後，裝入罈中，摻足罈沿水，泡製 24 小時即可。

◆ 技術關鍵

1. 大雪豆必須用冷水完全漲發後才能入熱水鍋煮熟使用，沒泡透的話會有硬心，成品頂牙。
2. 煮大雪豆時火力不宜過大，否則容易將雪豆的表皮煮破裂而影響成菜美觀。
3. 大白雲豆泡製好以後不宜久存。

川東達州市渠縣有「中國漢闕之鄉」的美名，當前留世的漢闕有 20 餘處，渠縣就擁有 6 處 7 尊。左頁二圖及上圖分別為馮煥闕及中國漢闕文化博物館

第四篇　萬物皆可泡之創意泡菜

第三章

藥膳泡菜類

藥膳源自中醫藥補不如食補的理念，且許多中藥材本身也是食材，特別是辛香料類，辛香料類藥材又多產自南方或南洋，在中藥材行業中統稱為「南藥」，而藥膳就是通過菜餚與中藥材的合理搭配與長期食用來達到養生效果。

Creative paocai

四川泡菜，科學驗證的優質食品

過去民間經驗總結，得出川式泡菜具有保留較多營養成分的功能，且還能助消化、益健康的結論，現代研究則發現泡菜的發酵主要是乳酸菌的參與，也發現四川泡菜所含乳酸菌與已知的多數乳酸益菌一樣對人體好處多多，因此泡菜對人體有益可說是獲得了科學驗證，只要是正確發酵泡製，四川泡菜本身就是一種養生膳食。

這裡介紹的藥膳泡菜為民間經驗結合中醫養生概念，利用含有大量乳酸菌的老泡菜鹽水搭配藥性溫和、適當的中藥材做成速成型泡菜，既可享受滋味變化又能養生，也適合長期的食用，「味道好、顏色佳、形態美、能養生」是藥膳泡菜的基本製作要求，也體現中華飲食與中醫養生的全方位理念。

受中醫影響，加上許多中藥材本身也是食材，中國烹飪飲食自然而然產生「藥食同源」與「食療」勝於「藥療」的理念，很多養生或藥膳菜品的出現與傳播都是因此而來。四川泡菜本身就是相對優質的發酵食物，選擇一些合適的中藥材，也可說是食材加入，就是名符其實的藥膳泡菜。

然而，不是什麼藥材都可用於泡菜製作，再加上中醫強調「是藥三分毒」的謹慎，藥膳泡菜這種稱謂甚至做法，在過去多是中醫給的調養方案或是家庭祖傳的經驗配方，較少大範圍傳播，但此類泡菜運用得好，對養生與預防疾病都有其正面效益，屬於花費少效益大的一種養生食療方式。

部分藥性平和的藥膳泡菜可以當作特色泡菜加以運用和推廣，若想通過長期食用藥膳泡菜達到調養身體或作為疾病的食療輔助，仍應諮詢專業中醫師再為之！

藥膳泡菜二三事

藥膳泡菜食材選擇多以平性、溫性、微涼性為主，如：蓮花白、洋薑、蘿蔔等，選用的「藥材」一樣以平、溫性或微涼性為主，或是具有理氣和胃特性的一些中藥材。如：百合、淮山藥、西洋參、當歸、沙參、桂圓等。

通過玻璃泡菜罈可看見四川泡菜有氣泡產生，是肉眼可觀測活性乳酸菌是否存在的現象，也代表發酵正在進行中，因此傳統泡菜又被暱稱為「活泡菜」。圖為川渝泡菜廠家為展示泡菜具備活性才用玻璃罈呈現，經典泡菜都用土陶泡菜罈。

　　這些中藥材在日常生活中接觸最多，藥性及宜忌被廣為熟悉，不只在泡菜運用歷史悠久，也常用於菜餚中。（舒國重）記得小時候見過奶奶把少量當歸放入泡菜罈子中，說是有壓腥味、除臭異味的功效，實際吃來滋味十分獨特，至今印象深刻。

　　對於一些味苦，藥性大寒大燥或是藥性特殊的中藥材都不適合製作成藥膳泡菜，畢竟做為「膳」，仍應以適合大多數人食用，適合中長期食用作為最高原則。

　　用於藥膳泡菜所調製的泡菜鹽水牽涉藥性，都是一次性的應用，且不能混合不同藥材調製的泡菜鹽水，只能單獨使用。

　　泡製藥膳泡菜用的容器要避免使用本身帶毛細孔的土陶容器，因其毛細孔容易吸附味道，藥膳的獨有氣味通常較強烈，再使用於其他地方容易出現竄味；此外還容易夾帶大量雜菌，造成後續置入的食物腐敗。

　　多數藥膳泡菜只需選用可密閉的瓶罐容器即可，因泡製過程中發酵的程度相對低，基本沒有厭氧環境及單向排氣的要求。

第四篇　萬物皆可泡之創意

小縣城農貿市場裡的香辛料店及傳統中草藥攤子。

195

Creative paocai

084 西洋參泡蓮白

特　　點：鹹酸微辣，鮮香脆嫩
類　　型：其他型泡菜－藥膳泡菜
食用方式：直接食用

◆ 原料

蓮白（高麗菜）500 克，西洋參 5 克，老泡菜鹽水 500 克（見 P045），食鹽 15 克，白酒 5 克，紅糖 10 克，醪糟汁 15 克，泡紅小米辣椒節 5 克

◆ 做法

1. 西洋參用涼開水浸泡 6 小時至漲透後，去除細鬚、切成薄片備用；蓮白洗淨後撕成小塊狀，攤開、晾乾水份。
2. 老泡菜鹽水加入食鹽、白酒、紅糖、醪糟汁、泡紅小米辣椒節攪拌均勻，裝入玻璃泡菜罈內。
3. 將蓮白塊、西洋參片放入老泡菜鹽水中，蓋上罈蓋，摻足罈沿水，泡製 48 小時後即可。

◆ 技術關鍵

1. 蓮白洗淨後務必晾乾水份後再進行泡製，否則成菜有生水味，成菜風味不夠純正。
2. 西洋參應選質地結實、氣味清香甘甜的為佳品，用涼開水浸泡至完全漲透才方便刀工處理。
3. 西洋參泡蓮白不宜久泡，否則成菜口感不夠脆爽。

冬日暖陽裡安逸下象棋的巴蜀大爺。

養 生 價 值

含多種對人體有益健康的營養素，具有補氣養陰，清熱生津之功效。

085 沙參泡洋薑

特　　點：鹹甜微辣，脆健爽口
類　　型：其他型泡菜－藥膳泡菜
食用方式：直接食用

◆ 原料

北沙參 15 克，洋薑 250 克，鮮紅小米辣椒節 20 克，食鹽 20 克，冰糖 20 克，白酒 5 克，醪糟汁 10 克，老泡菜鹽水 500 克（見 P045）

◆ 做法

1. 洋薑削去外表粗皮後洗淨瀝水，放入盆中，均匀撒入食鹽 10 克拌匀，醃製出胚 24 小時後備用。
2. 北沙參用清水浸泡至漲透後，切成寸節。
3. 老泡菜鹽水加入食鹽、冰糖、白酒、醪糟汁攪匀，裝入玻璃泡菜罈內。
4. 將出胚好的洋薑及北沙參節、鮮紅小米辣椒節裝入罈內，蓋上罈蓋，摻足罈沿水，泡製 4～5 天即可食用。

◆ 技術關鍵

1. 洋薑須去掉外表粗皮，成菜色澤較佳且口感更細膩脆爽。
2. 洋薑洗淨後可改刀成不規則的小塊，也可以用手撕、折成淩亂的塊狀。
3. 沙參泡洋薑屬於洗澡泡菜，泡製的容器最好用玻璃器皿或瓷罈罐、可密封的保鮮罐。
4. 不能用鐵質的器皿泡製，整體色澤容易變色、暗沉，影響成菜美觀。

養生價值

富含多種營養素和微量元素，開胃健脾，增進食慾。

086 金銀花泡豇豆

特　　點：鹹酸微辣，入口脆爽
類　　型：其他型泡菜－藥膳泡菜
食用方式：直接食用

◆ 原料

豇豆 250 克，乾金銀花 10 克，老泡菜鹽水 500 克（見 P045），食鹽 15 克，白酒 5 克，紅糖 15 克，醪糟汁 5 克，生薑 10 克，乾辣椒段 15 克，大蒜瓣 5 個

◆ 做法

1. 豇豆洗淨晾乾水份，用食鹽 10 克拌勻，醃製出胚 6 小時左右，瀝乾水份，備用。
2. 金銀花淘洗乾淨，生薑、大蒜分別切厚片備用。
3. 老泡菜鹽水加入食鹽 5 克、白酒、紅糖、醪糟汁、生薑片、大蒜片、乾辣椒段攪拌均勻，裝入玻璃泡菜罈中。
4. 將晾乾的豇豆挽成圈狀後放入罈中，再放入金銀花，蓋上罈蓋，摻足罈沿水，泡製 4～5 天即可食用。

◆ 技術關鍵

1. 應選用新鮮、無蟲蛀、不空心走籽的豇豆為宜。
2. 豇豆先用食鹽或出胚鹽水醃製，口感更脆，同時可以去除豇豆自帶的澀味。
3. 乾金銀花可先用冷水浸泡開，泡製效果更佳，同時保持成菜口感和色澤。
4. 豇豆入罈後須用重物壓緊，否則會漂在鹽水表面而未能充分泡熟、泡透，影響成菜風味且色澤不均勻。

❤ 養 生 價 值 ❤

含豐富的膳食纖維，助消化、增進食慾，有利於人體新陳代謝。

峨嵋山金頂四面十方普賢金像是世界上最高的金佛。

087 百合泡青筍

特　　點： 色澤碧綠，百合潔白，脆嫩適口
類　　型： 其他型泡菜－藥膳泡菜
食用方式： 直接食用

◆ 原料

青筍 400 克，鮮百合 25 克，老泡菜鹽水 500 克（見 P045），食鹽 10 克，白酒 5 克，醪糟汁 10 克，紅糖 15 克，泡子彈頭辣椒 15 克，生薑片 5 克

◆ 做法

1. 將青筍削去外表粗皮、洗淨，切成粗條，用食鹽 5 克攪拌勻後醃製出胚 30 分鐘左右，瀝乾備用；鮮百合剝開後淘洗乾淨，瀝水備用。
2. 老泡菜鹽水加入食鹽 5 克、白酒、醪糟汁、紅糖、泡子彈頭辣椒、生薑片攪拌均勻，裝入玻璃泡菜罈內。
3. 將瀝乾水份的青筍、百合放入罈中，蓋上罈蓋，摻足罈沿水，泡製 24 小時後即可。

◆ 技術關鍵

1. 醃製青筍時，避免鹽放太多，多了成菜味道過鹹。鹽醃鮮青筍能去除澀味、提高脆度。
2. 應選用綠心青筍，成菜色澤更加碧綠；也可用棒菜（芥菜心），但色澤較次。
3. 青筍的外表粗皮必須去乾淨，否則影響成菜口感。
4. 百合泡青筍不宜久泡，泡久了口感變軟，鹹酸味過重。

♥ 養生價值

富含豐富維生素及鈣、磷、鐵等營養素，滋陰潤肺，利於調節人體生理平衡。

第四篇　萬物皆可泡之創意泡菜

088 淮山藥泡花仁

特　　點：鹹酸微辣，清脆爽口
類　　型：其他型泡菜－藥膳泡菜
食用方式：直接食用

◆ 原料

花生仁 250 克，淮山藥 200 克，老泡菜鹽水 500 克（見 P045），食鹽 20 克，紅糖 15 克，泡小米辣椒 80 克，白酒 5 克，醪糟汁 10 克，鮮紅小米辣椒節 15 克，八角 2 個，花椒粒 1 克

◆ 做法

1. 將花生仁去皮、洗淨，晾乾水份；淮山藥去皮切成小滾刀塊，用清水漂洗淨後晾乾水份，備用。
2. 老泡菜鹽水加入食鹽、紅糖、泡小米辣椒、白酒、醪糟汁、鮮紅小米辣椒節、八角、花椒粒等攪拌均勻，裝入玻璃泡菜罈內。
3. 晾乾的花生仁、淮山藥塊放入罈中，蓋上罈蓋，摻足罈沿水，泡製 5 天左右即可享用。

◆ 技術關鍵

1. 花生仁也可以先用冷水浸泡、漲透後再泡製，成菜色澤更清爽，口感也軟一些。
2. 淮山藥去皮時最好帶上手套，以免山藥的粘液觸發皮膚搔癢的情況。
3. 山藥在泡製前須用清水將粘液沖洗乾淨，否則成菜鹽水色澤渾濁，影響成菜美感及食慾。

養 生 價 值

含多種維生素及鈣、鐵、卵磷脂等營養素，
還有健脾胃的功效。

宜賓市筠連縣許多地方屬於典型的石灰岩喀斯特地貌，經過溶蝕產生獨特的石漠景觀，已有多地開發成休閒景區。

第四篇　萬物皆可泡之 創意泡菜

089 麥冬泡蘿蔔

特　　點：鹹甜鮮香，脆嫩適口
類　　型：其他型泡菜－藥膳泡菜
食用方式：直接食用

◆ 原料

象牙白蘿蔔 500 克，麥冬 6 克，老泡菜鹽水 500 克（見 P045），食鹽 35 克，紅糖 15 克，白酒 5 克，醪糟汁 10 克，冰糖 15 克，大紅甜椒 15 克

◆ 做法

1. 白蘿蔔洗淨切成條狀，放入盆中，撒入食鹽 20 克拌勻，醃製出胚 5 個小時。
2. 麥冬用清水泡洗淨，瀝水；大紅甜椒切成粗條狀，備用。
3. 老泡菜鹽水加入食鹽、紅糖、白酒、醪糟汁、冰糖攪勻，裝入泡菜罈內。
4. 出胚好的白蘿蔔撈出，瀝乾水再放入罈中，再下入大紅椒、麥冬攪勻，蓋上罈蓋，摻足罈沿水，泡製 3～4 天即可。

◆ 技術關鍵

1. 白蘿蔔充分出胚以去除白蘿蔔的澀味，同時令成菜更加脆爽、清甜。
2. 選用色澤黃白、肥大均勻的麥冬為佳。
3. 大紅甜椒主要為點綴顏色不宜過多，以免影響養生價值。

養 生 價 值

有潤肺止咳、利尿消腫、養陰生津等方面有食療效果。

090 桂圓泡蓮藕

特　　點：質地脆嫩，色澤微黃，鹹酸微甜
類　　型：其他型泡菜－藥膳泡菜
食用方式：直接食用

◆ 原料
鮮白花藕 400 克，乾桂圓肉 30 克，老泡菜鹽水 500 克（見 P045），食鹽 50 克，冰糖 15 克，紅糖 10 克，白酒 5 克，醪糟汁 10 克，生薑片 15 克。

◆ 做法
1. 鮮白花藕刮去外表粗皮後，切成 2 公分的丁狀放入清水中淘洗乾淨，瀝水後放入出胚鹽水盆（食鹽 20 克加清水 300 克攪勻、溶化）中，浸泡出胚 4 小時後備用。
2. 老泡菜鹽水加入食鹽 30 克、冰糖、紅糖、白酒、醪糟汁、生薑片攪勻，裝入玻璃泡菜罈內。
3. 出胚好的藕丁撈出，瀝乾水份再放入罈中，加入乾桂圓肉，蓋上罈蓋，摻足罈沿水，泡製 5～6 天即可。

◆ 技術關鍵
1. 藕分為紅花藕和白花藕，紅花藕澱粉質重、容易發黑，適宜燉湯，口感綿爽；白花藕潔白脆爽，適合炒、泡、拌等方式成菜。
2. 切藕時避免用生鐵刀，最好用不銹鋼刀切，因生鐵鐵質容易造成切口發黑。
3. 從食療角度，桂圓肉用量不宜過多，太多容易上火。

養生價值
具有清熱解燥、解渴止嘔等食療效果。

四川是茶的發源地之一，川茶文化具有濃濃的「川味」，既可隨心啜飲，也可精品細酌。圖為峨嵋後山洪雅縣的茶區風景。

第四篇　萬物皆可泡之 創意泡菜

Creative
paocai

091 當歸泡西洋芹

特　　點：色澤翠綠，脆嫩爽口
類　　型：其他型泡菜－藥膳泡菜
食用方式：直接食用

◆ 原料

西洋芹 250 克，當歸片 5 克，大紅甜椒 20 克，老泡菜鹽水 500 克（見 P045），食鹽 10 克，紅糖 10 克，白酒 5 克，醪糟汁 10 克，大蒜瓣 2 個

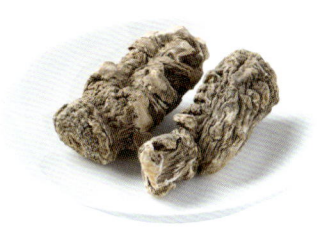

◆ 做法

1. 西洋芹洗淨，刮去筋及粗皮，切成 3 公分的小段。加食鹽 5 克拌勻出胚 30 分鐘，瀝去水份，備用。
2. 當歸片洗淨，大紅甜椒切成小塊。
3. 老泡菜鹽水加入食鹽 5 克、紅糖、白酒、醪糟汁、大蒜瓣攪拌均勻後裝入玻璃泡菜罈內。
4. 放入出胚好西洋芹段、當歸片、大紅甜椒塊，蓋上罈蓋，摻足罈沿水，泡製 48 小時後即可。

◆ 技術關鍵

1. 選用新鮮、脆嫩的西洋芹，同時去除外表粗皮，成菜口感才夠細嫩。
2. 泡製時間不宜過長，否則成菜口感不夠脆爽，也影響成菜色澤。
3. 當歸的用量不宜過多，否則藥材味太重，就成了藥，而不是日常膳食，影響食慾。
4. 也可選用新鮮、細嫩的小芹菜泡製。

乾製的整顆當歸，在超市買到的多是已切片的。

養生價值

對血管硬化、神經衰弱者、缺鐵性貧血患者有保健作用。

重慶市及川東偏好泡青辣椒的滋味，圖為當地生態泡菜廠使用「噸罈」，即每一罈容量達 1000 公升，泡製大量青辣椒。

第四篇　萬物皆可泡之創意泡菜

205

092 當歸泡脆耳

特　　點：質地柔軟脆爽，鹹酸微辣，當歸風味清香
類　　型：其他型泡菜－藥膳泡菜
食用方式：直接食用

◆ 原料

豬耳 500 克，當歸 5 克，泡小米辣椒 70 克，鮮紅小米辣椒節 15 克，食鹽 15 克，白糖 10 克，白醋 10 克，仔薑片 20 克，味精 1 克，老薑 15 克，大蔥 20 克，料酒 10 克，清水 800 克

Creative
paocai

◆ 做法

1. 豬耳刮洗乾淨，放入鍋中，摻水加老薑（拍破）、大蔥、料酒，以中大火煮至剛熟，隨即撈出漂入清水中至涼。
2. 用刀將涼熟的豬耳片成薄片，備用。
3. 當歸洗淨，放入裝有清水的鍋中熬煮出當歸香味、滋味，離火、靜置放冷即為當歸汁水。
4. 涼當歸汁水加入泡小米辣椒、鮮紅小米辣椒節、食鹽、白糖、白醋、仔薑片、味精攪勻即成泡菜鹽水，裝入泡菜罈內。
5. 將切好後的耳片放入泡菜罈內攪散、攪勻，蓋上罈蓋，摻足罈沿水，泡製 24 小時後即可食用。

◆ 技術關鍵

1. 務必選用新鮮、潔白、無血跡、無殘毛的豬耳。
2. 當歸選藥味濃郁、回口甘甜不帶苦味的為宜。
3. 泡小米辣椒應選用色黃、酸辣味濃郁；沒有好的白醋可以改用少量的果酸代替，如檸檬汁。
4. 豬耳在開水鍋中不宜煮的太久，以豬耳剛斷生為宜，才能保證成菜口感脆爽。
5. 當歸泡脆耳是其他型洗澡泡菜中的藥膳葷泡菜，也不適合長時間泡製貯存，泡好後 3 天內食用最佳，久了味道不佳，同時可能敗壞。
6. 調製泡豬耳的泡菜鹽水也可以用色澤清透、酸香味道較好的老泡菜鹽水代替，成菜風味也是一絕。

生態農業最大特點就是小農加上目的明確的多樣性種植，就能利用大自然與生物的相生相剋原理達到自然增肥、抑制害蟲的生態平衡，進而減少或完全不用化肥、農藥。

第四篇　萬物皆可泡之 **創意泡菜**

第四章 醋泡法泡菜

Creative
paocai

醋的歷史悠久，古稱「酢」、「醯」、「苦酒」等，據相關文獻記載，「醋」應該是誕生於周朝，若採較寬鬆的認定，則可追溯至商朝或更久遠。

常見的醋依原料可分為麩醋、糙米醋、糯米醋、小麥醋及米醋等糧食醋，以及水果醋和酒精醋，著名的四大名醋分別是四川閬中保寧醋、江蘇鎮江香醋、山西老陳醋、福建紅麴米醋。

歷史悠久卻簡單的醋泡菜

現代醋泡法泡菜源於醋泡花仁、醋泡大蒜等傳承千百年的傳統醋泡菜品，過去之所以將食材以醋泡起，目的仍是「貯存」，不論何種醋，其中的醋酸能讓多數造成腐敗的雜菌無法生存，形成滅菌效果，可以說只要將對的食材泡入醋中，就能起到防腐的貯存效果。

通過醋泡雖是簡便的貯存食材方式，但醋的成本相對高，且其強烈的酸味多難以直接入口，需要一定的調味，因此傳統醋泡菜品雖美味，卻都是口味偏重的下飯菜，多被歸為「醬菜」。

醋泡法毋須發酵，只需在傳統醋泡菜基礎上，調整醋的多寡、濃淡，再加上各種辛香料、醬料調味，即可簡單做出創新，口味多是甜酸、酸辣帶清爽的滋味，十分討喜，在物質相對豐富的現代，常是解膩、開胃的要角。

早期做醋泡菜常只能選用當地小作坊的食醋，沒有其他選項，如今物流發達，可買到全國甚至全世界的醋，口味變化更是多樣。

巴蜀地區現在多選用保寧醋、陳醋、香醋、大紅浙醋、白醋等為主料調製醋泡汁水，一般會適當加入紅糖、白糖、冰糖及少量的食鹽作為調味，還可以加入酸味明顯的水果如檸檬等，讓酸味層次更多。

由於醋自帶殺菌、保建之功效，對現代人而言是相對健康的調味品，醋泡菜的泡製目的是入味，只要做好調味幾乎不會失敗，可說是最容易入手的泡菜類型。

地方縣城、鄉鎮專賣罈罐容器的店舖雖以土陶為主，因應時代變化，也售賣玻璃或其他材質的罈罐容器。

四大名醋之一的四川「保寧醋」產於南充的閬中市，蜀將張飛（漢桓侯）在此鎮守7年之久。保寧醋是極少數以中藥材製麴，以麥麩、大米發酵釀製而成的名醋。

醋泡菜二三事

為穩定泡製汁水味道的穩定及成品口感的脆爽，醋泡法用的很多食材在泡製前也要用食鹽或鹽水，進行「出胚」醃製後再進行醋泡製，與泡菜鹽水泡法的食材出胚目的一樣，如：醋泡蘿蔔、醋泡黃瓜等。

醋泡法可泡的食材更廣泛，葷素生熟皆可，有些食材需要汆水或油炸至熟後再進行醋汁浸泡，如：醋泡帶魚、醋泡鳳爪等。

此時可將醋泡法理解為調味的一種方式，面對不同食材，就能快速決定採取何種前置處理，進而靈活掌握醋泡工藝的技巧。

醋泡汁絕不能重複使用，因使用泡製過原材料的醋泡汁滋味駁雜，重複使用會嚴重影響成菜滋味效果，同時，當代醋泡法的醋用量減少，也讓醋泡汁殺菌效能大幅下降，重複使用反而增加泡製原材料變質、腐敗的機率。

醋泡汁多以醋為主原料，現代醋泡法，醋占比多為成品汁水的一到五成，傳統醋泡汁水的醋占比都在九成以上，也因此現代醋泡法成品的保質貯存期通常較短。

傳統醋泡菜的食材選擇較有限，醋泡汁味道重，加上醋酸也有軟化食材的作用，因此不能選用入味快且質地鬆散的食材，最適宜選擇有花生、板栗、大蒜、薑頭等。這類醋泡菜的泡製時間一般較長，少則3～5天，多的要6～8天或更久。

現代醋泡法泡製動物性及片狀或改刀成片、小塊的食材，其泡製時間相對短，多為數小時至24小時。

玻璃、陶瓷、食品級塑料密封罐等容器最適合做為醋泡法泡製器皿，因過程中基本沒有發酵參與，沒有厭氧環境及單向排氣的要求，只要選擇能密閉的上述材質容器即可。

避免使用本身帶毛細孔的土陶容器，因毛細孔容易吸附味道，醋的味道強烈，再使用於其他地方容易出現竄味問題，也容易夾帶大量雜菌，造成腐敗。

可使用不鏽鋼容器，但絕不能選用鐵、鋁製品容器來泡製食材，因醋酸會腐蝕鐵、鋁製品並產生不良化學反應。

早期川渝地區的釀造作坊提供豆瓣醬、醬油、醋等釀製品，當時打醋、打醬油等器具是竹製的，時至今日拿著家裡瓶瓶罐罐打醋、打醬油的情景已經不復見。圖為豆瓣老字號紹豐和早期的銷售鋪面，那風情令人回味。

Creative **paocai**

093 醬香泡蘿蔔

特　　點：色澤棕紅，酸辣脆爽
類　　型：其他型泡菜－醋泡菜
食用方式：直接食用

◆ 原料
象牙白蘿蔔 2 公斤，純淨水 2 公斤，泡小米辣椒 100 克，大蒜 50 克，鮮紅小米辣椒 50 克，老薑片 30 克，芹菜節 50 克，泡小米辣椒鹽水 300 克，食鹽 150 克，冰糖 30 克，花椒粒 1 克，東古醬油 50 克，海天生抽 100 克，恒順香醋 250 克，八角 4 克，桂皮 3 克

◆ 做法
1. 象牙白蘿蔔沿外層連皮切下成為厚 1 公分的厚片，再將帶皮蘿蔔厚片切成 1 公分的粗條備用。
2. 將切好的白蘿蔔條用食鹽拌勻，醃製出胚 3 小時，備用。
3. 大蒜拍破；接著將鮮紅小米辣椒、泡小米辣椒切成 1 公分的節備用。
4. 取適當的容器，放入拍破大蒜、鮮紅小米辣椒節、泡小米辣椒節、老薑片、芹菜節、泡小米辣椒鹽水、食鹽、冰糖、花椒粒、東古醬油、海天生抽、恒順香醋、純淨水、八角、桂皮，攪拌均勻。
5. 放入出胚好、瀝乾水的白蘿蔔條，封蓋好，靜置泡製 48 小時後即可。

◆ 技術關鍵
1. 此泡菜建議只取用白蘿蔔四周厚約 1 公分的厚片為主料，因帶皮蘿蔔條做成泡菜的口感才會脆爽。
2. 切好後的白蘿蔔條先用鹽醃出胚，可去除蘿蔔的澀味與部分水份。
3. 泡製時間不宜太長，泡製後的成品不宜久放，質地口感都會變軟。
4. 醋泡法泡菜使用的容器只要能密閉的即可，避免使用土陶容器。

第四篇　萬物皆可泡之創意泡菜

眉山市三蘇祠為北宋文學家蘇洵、蘇軾、蘇轍父子三人的故居，元代改為祠堂，現以三蘇祠為核心，將周邊發展為旅遊區。

Creative paocai

094 玫瑰蘿蔔

特　　點：色澤紅亮，造型美觀，甜酸爽口
類　　型：其他型泡菜－醋泡菜
食用方式：直接食用

◆ 原料

象牙白蘿蔔 1 公斤，白糖 750 克，食鹽 30 克，東古大紅浙醋 650 克

◆ 做法

1. 將象牙白蘿蔔削去外表粗皮，再剖為對半後切成 4 毫米厚的片。
2. 用食鹽 30 克、白糖 250 克把蘿蔔片拌勻，醃製出胚 4 小時，瀝乾水份備用。
3. 將白糖 500 克、東古大紅浙醋倒入盆中攪勻，再將出胚好的蘿蔔片放入玻璃罈中，蓋上蓋子泡製 24 小時。
4. 將泡製好的蘿蔔片，用漏勺瀝乾水，一片一片逐一擺成玫瑰花型，適度點綴蔬菜嫩葉，再淋入 50 克泡蘿蔔的甜酸原汁水成菜。

◆ 技術關鍵

1. 選個頭大小均勻、長短一致、無蛀蟲的象牙白皮蘿蔔為宜。
2. 因蘿蔔水份重，必須將白蘿蔔片用鹽、白砂糖醃至吐水，避免稀釋紅醋的顏色，影響成菜美觀，同時去除蘿蔔苦澀的味道，成菜才能味道濃郁、色澤純正。
3. 泡好後可置於冰箱低溫 5～10°C冷藏保存，夏天食用時口感更佳。

095 醋泡長生果

特　　點：酸香爽口，色澤黑褐
類　　型：其他型泡菜－醋泡泡菜
食用方式：直接食用

◆ 原料
長生果（花生仁）250 克，保寧醋 250 克，食鹽 3 克

◆ 做法
1. 花生仁洗淨，裝入玻璃罈內。
2. 倒入保寧醋及食鹽攪勻，蓋上罈蓋，摻足罈沿水，泡製 15 天左右即可食用。

◆ 技術關鍵
1. 長生果為花生的別名，使用時應選用無黴爛、變質、顆粒飽滿、大小均勻的。
2. 調味時也可以放入少量的紅糖或白糖，成菜滋味會柔和些，口味接受度更高。
3. 醋泡花生具有保健養生之效，做好泡菜罈管理，最久可貯存約 15 天。

第四篇　萬物皆可泡之創意泡菜

096 醋泡蒜薹

特　　點：酸甜嫩脆，佐餐佳品
類　　型：其他型泡菜－醋泡泡菜
食用方式：直接食用

◆ 原料

蒜薹 500 克，山西老陳醋 250 克，食鹽 5 克，紅糖 150 克，熱開水 500 克

◆ 做法

1. 蒜薹去掉鬚尾，切成 5 公分長的節，入沸水中汆一水去除生腥味、辛辣味，隨即撈出放入清水中漂涼備用。
2. 紅糖放入盆內加入熱開水溶化後放涼，加入山西老陳醋、食鹽攪勻，灌入玻璃罈中。
3. 放入蒜薹攪勻，蓋上罈蓋，摻足罈沿水，泡製 24 小時後即可食用。

◆ 技術關鍵

1. 蒜薹入鍋汆水時不宜太久，以免成菜色澤暗沉及口感發軟。
2. 泡製蒜薹時，醋汁水以淹沒過原料為宜，否則成菜味道不均勻。
3. 製做泡蒜薹的醋汁水可以留下續用，但應酌情添加醋、糖的用量。

蒜薹產地的採收風情。

第四篇 萬物皆可泡之**創意泡菜**

097 醋泡藠頭

特　　點：色澤褐黃，脆嫩爽口
類　　型：其他型泡菜－醋泡泡菜
食用方式：直接食用

◆ 原料
新鮮藠頭 300 克，老醋 200 克，白糖 150 克，食鹽 10 克，涼開水 400 克

◆ 做法
1. 新鮮藠頭剝去外表枯皮，切去根蒂和細莖部。
2. 洗淨瀝乾水份放入盛器內，放入食鹽 5 克拌勻，醃製出胚 2 小時後撈出，晾乾水份備用。
3. 涼開水加入老醋、食鹽、白糖攪勻後倒入泡菜罈內，再放入藠頭，蓋上罈蓋，摻足罈沿水，泡製 48 小時後即可。

◆ 技術關鍵
1. 選新鮮色白、個頭大小均勻的藠頭，成菜入味較一致，也較美觀。
2. 藠頭洗淨後用食鹽出胚一下可以去除藠頭的生澀味，同時追出藠頭部分水份，泡製後質地更加脆爽。
3. 可將老醋換成白醋，將藠頭修成圓形，成菜後色澤潔白，形如珍珠，更高雅。

Creative paocai

眉山市青神縣漢陽壩在過去大量依賴水運的時代曾是繁榮的水碼頭，留存的老街、建築可一窺當年的繁華，鎮上仍保有桿秤等多種傳統工藝作坊。

098 醋泡板栗

特　　點：色澤褐黃，脆香爽口
類　　型：其他型泡菜－醋泡泡菜
食用方式：直接食用

◆ 原料
板栗 300 克，老醋 100 克，白糖 100 克，食鹽 20 克，涼開水 200 克

◆ 做法
1. 板栗去殼，用熱水浸泡至外層粗皮軟後，撕去表面的粗皮。
2. 涼開水加入老醋、白糖、食鹽攪勻後裝入罈中。
3. 把去皮的板栗放入罈中，蓋上罈蓋後，摻足罈沿水，泡製 6 天左右即可。

◆ 技術關鍵
1. 選用大小均勻、無蟲蛀的板栗，也可以選用罐頭板栗代替，糖的用量可適度減少，泡製時間將可適度縮短。
2. 鮮板栗去皮前可用開水浸泡，除了便於去皮外，也能防止變色發黑，影響成菜美觀。
3. 泡製時可將老醋換成白醋，加少量的泡子彈頭辣椒，改味亮色，成菜更加美觀。

樂山大佛位於樂山市的岷江、大渡河、青衣江三江交匯處，為彌勒坐像。唐朝海通和尚因三江交匯水勢湍急，為祈求地方平安而發願開鑿，始於唐・開元初年（西元713年），歷時 90 年，至德宗貞元 19 年（西元803年）才完成。圖為大佛與今日渡口風情。

第四篇　萬物皆可泡之創意泡菜

217

Creative
paocai

218

099 醋泡藕片

特　　點：質地脆嫩，酸甜可口
類　　型：其他型泡菜－醋泡泡菜
食用方式：直接食用

◆ 原料

嫩白花藕 250 克，白醋 75 克，白糖 35 克，食鹽 2 克，涼開水 500 克

◆ 做法

1. 將嫩白花藕削去外表粗皮，切成 2 毫米的厚片，用清水沖洗乾淨後漂入涼水中備用。
2. 湯鍋加入適量清水上大火燒沸，將藕片從涼水中撈出放入開水鍋中汆一水，隨即撈出下入冷水中漂涼。
3. 涼開水加入白醋、白糖攪勻，裝入玻璃泡菜罈中。
4. 把漂涼藕片撈出瀝乾水份，放入罈中，蓋上罈蓋，摻足罈沿水，泡製 6 小時即可裝盤，可用黃檸檬片裝飾。

◆ 技術關鍵

1. 應選用色白、脆嫩、無損傷的嫩白花藕。
2. 加工時盡量不要用鐵器刀具加工，切口容易發黑，應使用不銹鋼刀具或陶瓷刀等新材質刀具。
3. 調製醋汁時加入少許適量的鹽，可以增加、突出酸甜味的鮮美感，鹽的用量不宜多，以吃不出鹹味感為宜。
4. 在調製醋汁時也可添加黃或綠檸檬汁增加滋味豐富感，大約半顆的量即可。

四川涼山州地貌複雜多樣，最高山為俄多季峰海拔 5958 公尺，因高原環境特性，大山之間的平原、盆地、丘陵成為四川省優質蔬果的新興產區。

第四篇　萬物皆可泡之創意泡菜

100 醋泡豬蹄

特　　點：軟糯適口，酸香微辣略帶甜
類　　型：其他型泡菜－醋泡泡菜
食用方式：直接食用

◆ 原料

豬蹄 2 只，保寧醋 500 克，紅糖 50 克，生薑 100 克，食鹽 25 克，大蔥段 25 克，料酒 10 克，鮮紅小米辣椒 15 克，涼開水 500 克，花椒粒 2 克

◆ 做法

1. 豬蹄去淨殘毛清洗乾淨，斬成兩半放入清水中漂淨血水。
2. 開水鍋中加入料酒、大蔥段、生薑 50 克（拍破）、花椒粒攪勻後，放入豬蹄小火煮至熟透後，撈出漂入涼水中至涼。
3. 漂涼豬蹄撈出，去大骨頭後剁成 2 公分的塊備用。
4. 涼開水加入保寧醋、紅糖、食鹽、鮮紅小米辣椒、生薑 50 克（切片）攪勻，裝入玻璃罈中。
5. 放入去骨豬蹄塊，蓋上罈蓋，摻足罈沿水，泡製 48 小時之後即可食用。

Creative paocai

◆ 技術關鍵

1. 選無殘毛、乾淨、白嫩的豬蹄為原料；一定要先沖淨血水，否則影響成菜色澤。
2. 煮豬蹄時不能大火，小火煮至熟透即可，太軟爛出品沒有 Q 勁口感；但太硬時不便於去大骨。
3. 調製好的醋汁可以重複使用，後期酌情加料補充味道。
4. 調製醋汁水時，生薑片不宜太少，否則壓不住豬臊味，影響成菜風味。

101 老醋鳳爪

特　點：色澤紅亮，入口脆爽，滋糯酸香微辣
類　型：其他型泡菜－醋泡泡菜
食用方式：直接食用

◆ 原料

長腳鳳爪 750 克，大紅浙醋 200 克，香醋 130 克，東古一品鮮醬油 120 克，綿白糖 100 克，大蒜 50 克，鮮紅小米辣椒節 100 克，大蔥 20 克，生薑片 15 克，料酒 50 克，白醋 50 克

◆ 做法

1. 鳳爪清理洗淨，鍋上大火，加入水、大蔥、生薑片、料酒燒沸，放入鳳爪後轉小火煮 8 分鐘關火，加入白醋攪勻，浸泡 5 分鐘。
2. 撈出熱水中的鳳爪，放入提前準備好的冰水中快速漂涼，漂涼後撈出剪去指甲、瀝乾水份，備用。
3. 大紅浙醋加入香醋、東古一品鮮醬油、綿白糖、大蒜（拍破）、鮮紅小米辣椒節攪拌均勻，裝入泡菜罎中。
4. 將瀝乾的鳳爪放入玻璃泡菜罎中攪勻，蓋上罎蓋，摻足罎沿水，泡製 48 小時即可食用。

第四篇　萬物皆可泡之創意泡菜

◆ 技術關鍵

1. 鳳爪為雞爪的美名，選用大小均勻、無疤痕、肉厚實的成菜效果較佳。
2. 鳳爪先煮熟後再取指甲，較能保持成型美觀。
3. 煮鳳爪在關火後加白醋之目的是去除鳳爪中的血水異味。
4. 煮熟的鳳爪應立即放入冷水中，再加入冰塊快速降溫，如此成菜脆口感更鮮明。
5. 泡製的時間太短鳳爪上色不夠濃，顏色偏淺，成菜色澤不可口。

Creative
paocai

102 醋泡帶魚

特　　點：醋香爽口，酥軟化渣
類　　型：其他型泡菜－醋泡泡菜
食用方式：直接食用

◆ 原料

帶魚 500 克，保寧醋 200 克，食鹽 3 克，生薑片 20 克，大蔥 25 克，料酒 15 克，花椒粒 2 克，泡美人辣椒（見 P089）50 克，白糖 50 克，香油 5 克，涼開水 150 克

◆ 做法

1. 帶魚洗淨，斬成 8～10 公分長的段，放入盆中，加生薑片、大蔥、花椒粒 1 克、料酒、食鹽碼味拌勻，醃製 2 小時備用。
2. 鍋入沙拉油大火燒至七成熱（約 200℃），將醃好的帶魚擦乾，放入油鍋中炸至上色後，轉小火慢慢浸炸至色黃、皮酥後撈出瀝油。
3. 將涼開水、保寧醋、泡美人辣椒、白糖、花椒粒 1 克、香油攪勻後裝入罈內。
4. 放入炸酥的帶魚，蓋上罈蓋，摻足罈沿水，泡製 24 小時即可。

◆ 技術關鍵

1. 選大小均勻、肉質好，寬約 5 公分左右的帶魚。
2. 醃製帶魚時需控制好食鹽的用量，以免鹹度過大影響出品口感。
3. 掌握好炸帶魚入鍋時的油溫，油溫過低，帶魚容易炸得不成型。
4. 醋泡帶魚的醋汁用量必須充足，以剛淹沒帶魚為宜。
5. 泡美人辣椒的作用在增色、提味，也可使用泡二荊條辣椒替代。

帶魚生長分佈於中國沿海，體長一般 50～70 公分，大的可長到 120 公分。

四川雅安市擁有豐富的水系與水產資源，其中最著名的就是主產於青衣江，曾於清代上貢慈禧的「雅魚」。圖為雅安城區段的青衣江美景。

103 老醋泡酥魚

特　　點：骨肉酥香化渣，醋酸香微甜
類　　型：其他型泡菜－醋泡泡菜
食用方式：直接食用

◆ 原料

鯽魚 300 克，山西老陳醋 50 克，食鹽 15 克，生薑 15 克，大蔥 15 克，料酒 15 克，白糖 30 克，芝麻油 15 克，鮮紅小米辣椒節 5 克，涼開水 500 克，沙拉油 1 公斤（約耗用 50 克）

◆ 做法

1. 鯽魚宰殺去鱗、去腮、去內臟後沖洗乾淨，瀝去水份後納入盆中。
2. 加入食鹽 5 克、料酒、生薑、大蔥拌勻，醃製碼味 30 分鐘。
3. 取適當容器，加入涼開水、山西老陳醋、食鹽 10 克、白糖、鮮紅小米辣椒節、芝麻油調勻成陳醋泡汁，備用。
4. 鍋入沙拉油大火燒至八成熱（約 230°C），放入鯽魚炸至定型後，轉小火浸炸至骨肉都酥脆、水份全乾。
5. 將油鍋中炸酥脆的鯽魚撈出後隨即放入陳醋泡汁中，蓋上蓋子，泡 24 小時後即可食用。

◆ 技術關鍵

1. 鯽魚要先碼底味，一是去除魚腥味；二是增加魚肉基本味。
2. 炸鯽魚時先大火、高油溫炸至定型、水份減少，再使用小火、低油溫慢慢浸炸至酥脆出鍋，是保持成菜口感酥脆的前提條件。
3. 炸好的酥脆鯽魚必須趁熱泡入醋汁中，這樣更加入味。
4. 如喜愛重辣口味，可以在泡製時加大小米辣的用量。

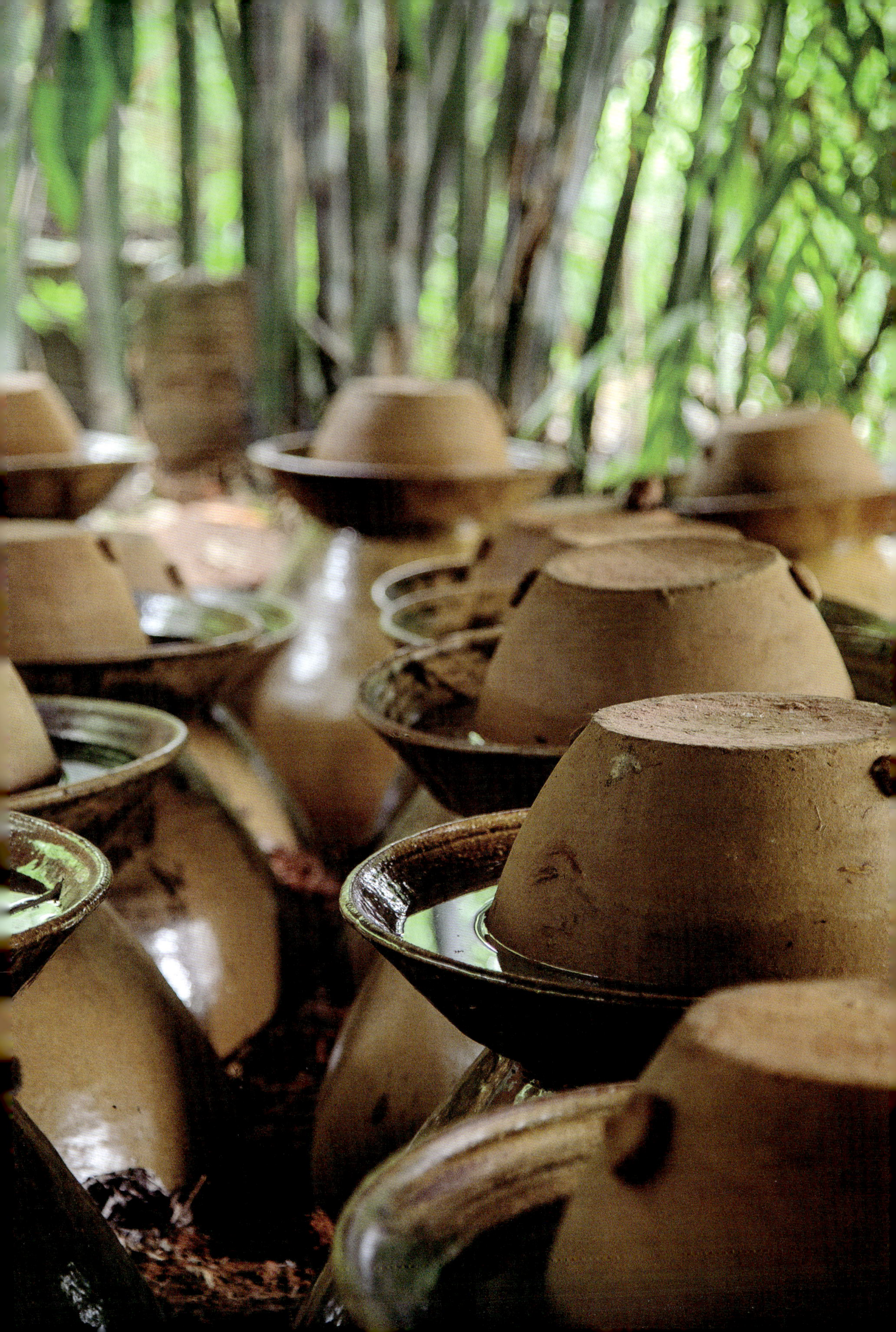

跋：泡菜情結

> 舒國重

打記事開始，泡菜就在我幼小的心靈中打上了深深的烙印，記得家裡一直都有幾個泡菜罈子，每個罈子所泡的泡菜內容都不一樣。有專門泡辣椒的罈子，有泡酸菜、泡蘿蔔的罈子，還有泡平常每餐所吃的所謂「洗澡泡菜」罈子。

那些年月，凡是成都人，甚至全四川的家家戶戶都有泡菜罈子、都會泡菜。因為那時代泡菜是市民百姓家中頓頓不離的下飯菜，有時還是主菜，那個年月生活物資貧乏、缺菜少油，成都人自然而然就離不開家中唯一可以儲藏、常備的食物——「泡菜」了！泡菜應該是從小接觸最多、最頻繁的食物之一，幾乎一日三餐都有它的影子出現。

泡菜滋味，親情滋味

記得上學時，早上顧不上怎麼做飯，一般都是炒飯或者是開水煮一下隔夜飯的「燙飯」，再順手撈一點泡菜（如：泡蘿蔔、泡豇豆、泡蘿蔔皮等）用熟油辣子（紅油辣椒）拌一下來下飯吃。到了午餐，常只有一道菜，根本不夠兄弟姐妹們幾個吃，還是要撈一些泡菜來佐餐下飯。有時候家裡較忙，晚餐常是我來打理，最常做的就是撈一些泡青菜（泡酸菜），再扯一些麵皮來做酸菜燴麵，十分可口，經濟實惠又方便好吃，偶爾也請隔壁鄰居們品嘗一下，都讚不絕口，稱讚我的手藝，實際上，功勞還全靠我祖母泡的泡青菜。

祖母泡的泡菜太好吃了，這麼多年來想起都流口水。記得每次打開泡菜罈子，泡菜的乳酸味加上泡薑、泡椒等發酵泡製的各種香味撲鼻而來，還在等待開飯的時候，就悄悄咪咪偷幾小塊放入嘴裡了，這種情景在今日已不復見，回憶與念想卻是越來越濃。

祖母對泡菜的製作和養護管理十分嚴格，據她說，她十幾歲就當家，學到一手做泡菜的技巧功夫，我們家的泡菜罈子隔天就要換洗罈沿水，擦乾淨泡菜罈子的周圍。自懂事以來，祖母就不允許我姐姐用手直接入罈撈泡菜，否則泡菜鹽水要「壞」（變質的意思），我的手則獲得祖母認可，可以入罈撈泡菜，這就讓愛吃的我有了隨時偷吃泡菜的機會。加上我爺爺、父母都是幹餐飲行業的專職廚師人員，我家的泡菜，一直是街坊鄰居公認最好吃的。

什麼都可以泡的「神奇」泡菜

我是家傳烹飪世家長大的，從祖輩到父親一輩都會自己製作四川泡菜，豆瓣醬，各種鹹菜、豆豉、豆腐乳，而且做得比現在很多市售的都好吃。

記得父親常把他們館子裡不要的菜頭皮、苤藍皮、蓮花白把撿回家來，去淨菜筋、晾蔫後，泡成泡菜，那些廢料一下子變成美味佳餚了，特別是加一點熟油辣子、花椒粉，那口感滋味簡直不擺了（指好吃的無法形容，川話）。

那年月，還經常把空心菜桿切成細粒，同泡豇豆切細粒一起炒成可口下飯菜，是成都人心目中最美味的家常菜餚。聽祖母說，四川泡菜種類太多了，她做幾十年的泡菜，也沒有泡完過，幾乎蔬菜、瓜果類都能進泡菜罈，都是

祖輩們為貯存食物累積的泡菜經驗傳承。

無論四季什麼瓜果、豆類、菜根類、莖類、藕都可以通過泡漬的手法，製成各式泡菜、醬菜、醃菜和乾鹹菜。如：冬瓜、蘿蔔、土豆、茄子、豆角、地瓜、刀豆、大豆、白菜、蓮花白、芥藍、豇豆、生薑、大蒜、蒜薹、筍類等，被再利用的邊角餘料則有西瓜皮、蘿蔔皮、棒菜（芥菜莖）皮、白菜梗、青筍皮、芋荷桿（芋頭的莖）、地蠶（甘露子，又名地牯牛、地鈕）、蓮白幫等。

各國人民都愛上四川泡菜

直到我從事廚師行業，和泡菜更是結下了不解之緣。無論是國內，還是到國外工作，都離不開泡菜。記得上世紀九十年代，在巴布亞新幾內亞莫爾比滋港四川飯店工作期間，我也在飯店廚房裡泡製了一些四川泡菜。

先是自己和幾個四川廚師吃，後來當地幫廚的外國人上癮了，接著酒樓總經理說：能不能將泡菜量做大一點，列入常備菜單的菜品。由於當地氣候炎熱，泡菜不能簡單放在廚房內泡製，只能放入保鮮冷藏庫內，泡製一些當地的蔬菜如：洋蔥、胡蘿蔔、西芹、黃瓜、辣椒之類的泡菜，主要泡成甜酸味較濃郁的口味，就這些泡菜在每次的週末華人「帕特」（川話音譯 party）宴會上都是十分受歡迎的。

後來又到南太平洋群島的一顆明珠——斐濟（Fiji）的首都蘇瓦（Suva）辦的一家酒樓「四川樓」當廚師長，也是把四川泡菜用於日常餐館經營中，進中餐館的當地人以印度人較多，口味喜辣，因此在泡製泡菜時，加大當地產的紅辣椒用量，鹹辣帶酸口味的泡菜，很受當地人喜愛。再淋上四川紅油辣椒，更深獲印度顧客、當地幫廚及當地服務員們的讚譽。還記得當時每隔一段時間整個蘇瓦舞廳、酒樓就會熱鬧無比，只要有來四川樓的歐美客人，四川泡菜都是每桌必點的佐餐佳餚。

之後又分派到日本事廚，到職的第二天一早就把泡菜鹽水兌製好了，記得當時用來兌泡菜鹽水的白酒是五糧液；鹽水兌製好，泡的食材基本是胡蘿蔔、西芹、白蘿蔔和辣椒、洋蔥，由於當地沒有泡菜罈，一般都用不銹鋼容器泡製，四川廚師是每餐必吃，同樣的，日本廚師也逐漸喜歡上了這神奇美味的四川泡菜，更喜歡加了紅油辣椒、味精拌製的泡菜，幾乎隔天就要泡一次，四川泡菜成為日本廚師們和日本幫廚大嫂們每餐都想吃的唯一中式食品。

一罈四川泡菜滋味萬千，泡出精彩人生，承載念想、親情與傳承，更用其本真滋味，征服不同膚色、語言人們的味蕾，紛紛愛上了四川泡菜。

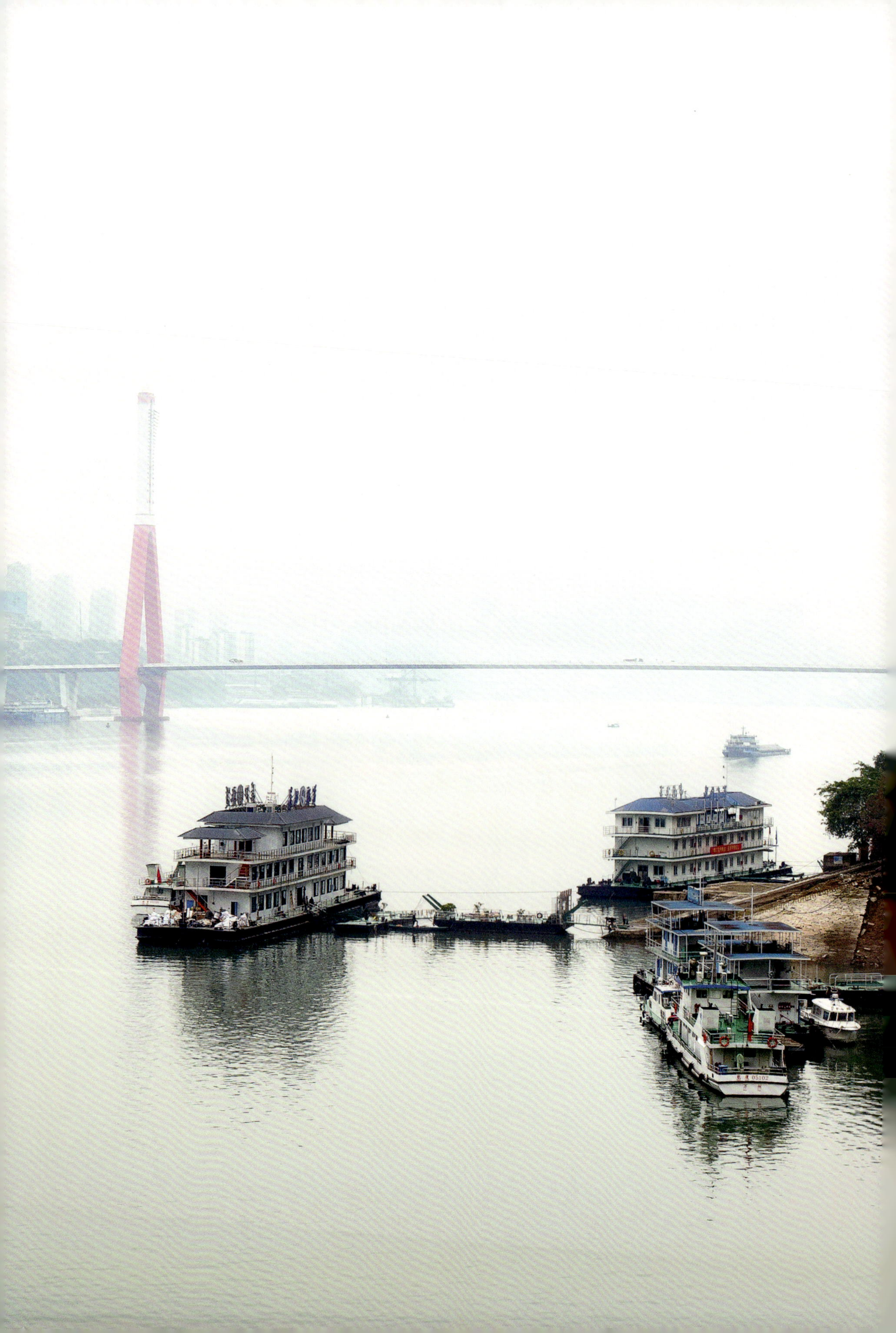